# 兵器世界奥秘探索

## 陆地雄狮——装甲车辆的故事

田战省 编著

吉林出版集团

北方妇女儿童出版社

兵器世界奥秘探索

陆地雄狮——装甲车辆的故事

# 前言
### ▶▶▶ Foreword

　　它们被称为战场上的钢铁爬虫，在炮火的洗礼中淬炼了一身铮铮铁骨；它们在陆上战场冲锋陷阵，一马当先，并以横扫千军、摧枯拉朽之势撕开对方的防线，为己方的战事推进扫清道路。无论是在白雪皑皑的北欧平原，还是在撒哈拉茫茫的戈壁沙漠；无论是在大西洋边缘的诺曼底海岸，还是在形势复杂的中东战场，总能见到它们英武刚硬的身影。它们正是有着"陆战之王"称号的坦克装甲车。

　　装甲车是具有装甲防护的各种履带或轮式军用车辆，是装有装甲的军用或警用车辆的统称。坦克是装甲车里的一大家族，属于履带式装甲车辆的一种。除了坦克，装甲车辆还包括了各种特种车辆，如装甲侦察车、装甲通信车、装甲运兵车、装甲架桥车、装甲救护车等。装甲车通常都具有高度的越野机动性能，有一定的防护和火力，分为履带式和轮式两种，一般装备一至两门中小口径火炮及数挺机枪，一些还装有反坦克导弹，结构以装甲车体、武器系统、动力装置等组成。

　　提到装甲车，人们首先会想到坦克。坦克是装甲车族里的佼佼者，是一种集火力、防护和机动力为一身的装甲战斗车辆。自从1916年问世之初到现在，坦克凭借一身钢铁盔甲、强大的火力和优越的机动性能在陆上战场大显身手，获得了无数美誉。时至今日，坦克装甲车已经成为陆上战场的中坚突击力量，是陆军机械化和装甲化程度的标志。随着科技进步，坦克装甲车辆经历了几代发展，在技术上取得了前所未有的进步。在未来战争中，它们仍将担负着消灭敌人和占领土地的攻坚重任。

　　本书汇集了世界各国曾经或现役中的典型坦克装甲车辆，以翔实准确的资料数据和精美的图片，为您展现一幅坦克发展史上的壮观图景。让我们一起走进坦克装甲车的世界，去了解它们背后的故事吧！

# 目录
## ▶▶▶ Contents

## 装甲车简史

## 轻型坦克

# 装甲车简史

　　从世界第一辆坦克诞生至今，已经有了将近一个世纪的时间。被誉为陆战之王的坦克，有着钢铁铸成的坚硬外壳，有着威力巨大的火力武器和快速灵活的机动性，凭着这些优势，庞大的铁甲爬虫——坦克，在战场上以势不可挡、摧枯拉朽之势横扫千军，令人胆战心惊。伴随着坦克的出现，人类战争史上一些著名的坦克战役随之而生，通过这些战役，坦克将自己的威名留在了战争史上。

> 坦克多数都使用旋转炮塔
> 坦克炮多分为滑膛炮和线膛炮

# 坦克的诞生 >>>

"**陆**战之王"坦克又称为战车，是现代陆上作战的主要武器。1915年，第一次世界大战期间，英国首次将坦克用于陆地作战。坦克是英文"Tank"的音译，而这个单词的原意则为"大水柜"。据说这是"一战"期间，英军为了对外保密，掩人耳目而特意给这种新式武器取的名字。那么，"陆战之王"坦克是怎样诞生的，又有哪些优势呢？

⬆ 达·芬奇的龟形"坦克"草图

## 达·芬奇的坦克车

坦克车的最早概念可能要起源于文艺复兴时期，那位前无古人、后无来者的旷世奇才列奥纳多·达·芬奇的奇思妙想了。除了绘画，达·芬奇还具有一些超越当时生产水平的构思，有过许多著名的概念性发明。达·芬奇担任过军事工程师，并且一度对军事武器的研制产生浓厚兴趣。据说，他曾在自己的手稿中绘制出了一台圆锥形的武装装甲车。这是一辆在古罗马的一种塔式战车基础上改良出的乌龟形"坦克"，并装配有大炮。在坦克之外，达·芬奇还设计出了数种军事机械，其中包括机关枪、子母弹、军用降落伞，以及含用猪皮制成的呼吸软管的潜水装备等。

## 第一辆坦克诞生

虽然达·芬奇的坦克很可能是现代坦克的雏形，但是世界上第一辆真正意义上的坦克出现则要推迟到20世纪初。1903年，有人发明出第一辆履带车辆，当时它主要用作农业用牵引机。后来，一位曾经担任英军上校，名叫斯文顿的战地记者受此启发，设计出了世界上第一辆坦克模型。但是斯文顿的设计方案遭到了当局的冷遇，时任英国海军大臣的丘吉尔得知后，给予了斯文顿极大关注。在丘吉尔的指示下，英国军方于

### 兵器简史

在两次世界大战期间，关于坦克的运用及编组方式有着两个不同的研究方向和学派。其中一派认为坦克应附属于步兵系统，需搭配步兵部队的编制与作战型态，均分给步兵单位指挥调度。这一思想在当时占据了主流，但事实证明，德国的集中使用坦克似乎更有效。

兵器解密

坦克集中使用以后，客观上也促进了现代军队中的火炮支持、后勤补给以及运输系统的改变。由于坦克需要步兵的协助，步兵因此不得不增加机动力，这又促成了军队机械化或摩托化步兵单位的兴起。

1915年专门成立了"陆地战舰委员会"负责此事，还购买了两台牵引机做研究。根据斯文顿的坦克模型，该机构研制出了英国第一辆坦克，他们给这辆其貌不扬的钢甲履带车取名叫"小威利"（又称"小游民"）。第一次世界大战期间，由于西线战场僵持不下的壕沟战严重阻滞了战争进程，为了打破这种局面，改进后生产的"大威利"（又称"大游民"），即兵器史上的MK-Ⅰ型坦克，被英军作为新式武器开上了战场。

### 并不理想的战场体验

尽管人们对其充满期待，而英军的坦克装甲车刚刚出现在战场上时，也的确是威风凛凛，令德军阵地一片混乱。然而，在随后的战场上，它们就暴露出了自己的弱点，其表现可谓是差强人意。英式坦克不仅可靠性差，而且因为底盘缺少独立悬吊系统，造成屈身于坦克内部的官兵身体不适，时常眩晕呕吐，这种非人性化的操控环境招致官兵们的连连抱怨。可能也正是因为这些原因，直到第一次世界大战结束前，坦克都没能成为战场上武器装备中的真正一员。不过，到"一战"结束前，德国也开发出了他们自己的坦克。

### 坦克设计要点

坦克的设计通常需要考虑以下几个方面的因素：火力、防护力以及机动力，此外还包括战场上对敌军士兵的心理压力。以上几方面也常常会相互影响，甚至产生一些不可避免的负面作用。例如加强装甲提高防护力后，会因为重量增加而降低坦克自身的机动力；而改用大型火炮之后，会因为炮塔前方装甲较弱影响车体平衡性能，甚至影响防护力及机动力。坦克在经历了数十年的发展之后，到第二次世界大战爆发之际，它的威力在德军手中终于发挥出来。这也让盟军各国见识到了坦克的巨大军事潜力，并为坦克研制投入了更多人力、财力和物力。

### 现代坦克的主要特点

"二战"初期，坚持坦克要集中起来使用的德国，很快利用坦克在陆上战场先发制人。自身强大的直射火力、高度的越野机动性以及强大的装甲防护力，三位一体将坦克打造成为陆上战场进行突破与攻坚之战的主力角色。在现代战争中，坦克还担负着执行与对方坦克或其他装甲车辆作战，或进行压制、消灭反坦克武器、摧毁工事、歼灭敌方有生力量的重任。

第一辆履带坦克

兵器知识

> A7V 的防卫机枪皆为 MG-08 重机枪
A7V 射击指示灯只有"注意""射击"指令

# A7V 坦克 >>>

**尽**管英国的坦克性能令人失望,但是在第一次世界大战索姆河战役中,英国的"大游民"们仍然给了德军重重一击。深受打击的德军不甘示弱,在随后的战争中俘房了一台英国坦克带回去研究,终于也研发出了自己的坦克 A7V。到了第二次世界大战期间,德国人的坦克车成为了战场上横扫千军、无可抵挡的装甲铁骑。

### 兵器简史

A7V 的主炮并非德国制品,而是从俄罗斯掳获的比利时制马克沁式单装诺登佛特 57 毫米海军用炮。采用这种火炮的主要原因,据说是因为这门炮的后座行程相对较短(150 毫米),并且能够在近 2000 米外击毁各种英军战车。

### A7V 问世的背景

1916 年 6 月下旬,在法国北部展开的索姆河战役中,英军原本准备将在"小威利"基础上改进的 50 辆 MK-I 坦克,投入到战场。结果其中 32 辆战车刚到前线就出现了故障,实际参加战斗的仅有 18 辆,但就是这 18 辆坦克让德军在索姆河一役中栽了跟头。吃了大亏的德国在对房获的英军坦克进行研究后,很快如法炮制,也准备研制生产自己的坦克对抗协约国。但是,研制坦克对于当时的德军来说,实在不是一件容易的事。首先,德军一直以来固守步兵和骑兵传统,要官兵们接受一些新的技术装备困难重重;第二,当时的德军统帅对坦克的认识缺乏足够的重视;第三,德国奇缺制造坦克的原材料。这些主客观关原因,很大程度上阻碍了 A7V 的面世。

### 首次大规模坦克战

随着索姆河战役英军坦克威力初显,法国、美国等国家也看到了坦克带来的巨大震慑力,随即相继开始各自的坦克研发。1917 年 11 月下旬到 12 月初,在法国北部康布雷地区的战斗中,大规模使用坦克第一次取得

德国的 A7V 坦克

MK-Ⅰ型坦克如同一个巨大的活动钢铁堡垒,重约28吨,乘员8人。外侧呈棱形,在两侧炮塔上共装有两门口径为75毫米的大炮和几挺机枪,采用过顶的重金属履带,最大速度约为6千米/小时。因为当时还没有通信设备,每辆坦克还随车带有信鸽,以备及时与后方联络。

兵器解密

了引人注目的战果。但在随后的一些战斗中,自身尚不完善的坦克仍旧被步兵来使用,在战场上并未发挥出应有的作用。1918年4月下旬,协约国在法国北部亚眠地区,发动了突破德军防线的总攻。此次战斗中,德军与协约国军队展开了世界上首次大规模坦克装甲车之间的对决,这被认为是"一战"期间最大规模的坦克战。比起索姆河战役和康布雷会战中的坦克数量,这一次,协约国更是调集了近600辆坦克和装甲车辆。短短几年间,坦克被用于实际作战数量的直线上升,证明了它在现代战争中的实力。德国军方高层由此看到坦克的巨大价值,这才确定将发展坦克作为首要任务。

## A7V 的诞生

1916年11月,德军总参谋部委托第7交通处制定坦克的设计方案,并由此定名为A7V(A7V的全名即指"第七统战部交通分部")战斗坦克。1917年初,工程师约瑟夫·沃尔默绘制出了坦克图纸。为了加快研制进程,他们采用了现成的"霍尔特"拖拉机底盘。同年夏,A7V的样车诞生,10月左右第一辆A7V坦克正式问世。由于钢铁短缺和德国整体工业的优先级考虑,截至1918年9月,德国仅生产了22辆A7V系列坦克,包括样车、试验车、改进型车等。其中有17辆投入战场,其余制成了A7V-R战场运输车。当时的A7V型坦克最高时速可达9000米,每辆坦克配有57毫米火炮、数挺机枪,并可搭载18名士兵。虽然德军

有了自己的A7V,但是因为数量极为有限,并未能帮助德军挽回战场上的颓势,德军最终战败。

## A7V 的首次实战

虽然A7V一开始真正投入战场的数量有限,但是德军依然对其抱着很大期待,并安排A7V进入1918年"皇帝攻势"的作战序列。1918年3月,A7V进行了自己的第一场实战,与其交锋的对手是英国的MK-Ⅳ战车(一说为MK-Ⅴ)。

德军派出了3辆A7V系列战车参战,它们分别是506号、542号和561号。作战一开始,A7V首先成功击毁了2辆只装有机枪的雌式战车(英国人根据"大威利"上装备的不同兵器,将装有机枪的坦克戏称为雌性坦克,将装有火炮的坦克成为雄性坦克)。但是,协约国军随后调派了装有6磅炮的雄式坦克迎击并成功命中561号战车3发炮弹。这轮反击使得561号内的德军5人丧生,德军剩下的两辆战车及其后面的步兵因此不得不撤出战斗。虽然561号遭受重创,但侥幸存活下来的德军士兵并未放弃561号,并在战斗结束后将其带回送去维修。而542号战车却没有这么好运,在战斗结束以后,它因为操作手操作失误导致翻车无法挪动,最终被引爆放弃。506号在此次实战后还参与了同年4月下旬开始的"亚眠会战",后因受损被澳大利亚军收回,现藏于澳大利亚昆士兰州博物馆,这也是目前唯一一辆自"一战"后保存的A7V。

> 坦克可以通过迷彩进行伪装
> 热效应等常可暴露出坦克的行踪

# 快速的发展 »»»

**新**生的坦克在第一次世界大战中经受住了炮火的洗礼，但因其本身诸多技术性问题未能解决，性能极不稳定，所以很多人看它时心情又喜爱又不放心，而对其未来的前景则多少抱有忧虑。再加上各国军队将领和军事家们受传统军事思想影响太深，一时之间对其难以接受。然而，随着坦克技术的不断改进，它的影响和地位得以迅速扩大和上升。

## 坦克产生的背景

坦克是根据战场的需要和科学技术水平的可能逐步发展起来的。"一战"以前到"一战"期间，随着交战双方在战场上大量使用机关枪，并以坚固的防御工事来巩固阵地，战场上的有利形势愈来愈倾向于防御一方。而进攻一方要想突破对方的防线，常常需要付出很大的代价，这个原因客观上促使进攻者去创造发明新的更有效的进攻型武器。同时，由于内燃机、履带式行动装置、武器和装甲技术的发展，尤其是汽车工业的迅速发展，更为这种进攻有效的武器产生提供了外部条件。坦克在这样的环境下应运而生，但是直到"一战"结束，坦克都没能成为战场上最重要的一员，是哪些因素制约了它大显神威呢？

## 早期坦克的不足

"一战"结束后，如何尽快改进坦克这一重要问题，就摆在了各国军事专家们的面前。那么，"一战"时期的坦克存在哪些先

### ◄═ 兵器简史 ═►

从1970年开始，一些坦克开始换上混合合金及陶瓷材料的新型复合装甲。复合装甲比钢铁装甲的防护能力更好，这其中以英国的"乔巴姆"自复合装甲，以及美军的M1A1"艾布兰"贫铀装甲最为著名。有意思的是，在20世纪90年代初的海湾战争中，还曾发生过美军M1A1坦克的贫铀穿甲弹打到自家M1A1坦克的贫铀装甲车的事。

天不足呢？极差的机动性，薄薄的只能阻挡步枪和机枪子弹的装甲，技术上的缺陷导致时常"掉链子"等现状，成为了坦克专家们亟待解决的问题。康布雷战斗以及亚眠会战中，坦克发挥出来的巨大威力有目共睹，各国更是策马扬鞭，加紧坦克的研制进程。直至"二战"爆发前夕，坦克的技术已经取得了长足进步，并成为"二战"战场上所向披靡、叱咤风云的铁甲战车。

## 二战期间的发展趋势

第一次世界大战以后，按照停战协定，

能对坦克构成威胁的是敌军坦克的动能穿甲弹，其他还有反坦克导弹、反坦克地雷、大型炸弹、火炮直接命中及大规模杀伤性武器等。被空中武器从顶部攻击也可对坦克构成致命威胁。但大部分现代主战坦克对火炮破片及火箭推进榴弹等轻型反坦克武器具有完整的防护力。

兵器揭密

德国被迫将为数不多的A7V坦克交给了战胜国，德国的坦克研发进程一度停滞。随着战争结束，协约国也放缓了对坦克的进一步开发，关于坦克的战术和技术发展在上述原因的影响下，几乎全面停顿下来。但是，坦克技术发展的脚步并未完全停止下来。战败的德国一直就不曾放弃坦克装甲军的实验，虽然根据凡尔赛和约，德国不被允许装备坦克。但是随着古德里安的上台，德国的装甲坦克兵迎来了一次全新的发展时期，并成功地为"二战"初期德军的闪电战等战略攻势的胜利创造了条件。随着坦克技术的不断进步，第二次世界大战前后，相继出现了多种型号的坦克，其中有超轻型的、轻型的、中型的、重型和超重型的。最轻的如英国的卡登—络伊德系列机枪坦克，仅重1—2吨；最重的如德国的鼠式超重型坦克，重达180吨。坦克的形式变得多种多样，有多炮塔的，有单炮塔的，也有无炮塔的；有履带式的，也有履带——轮胎式的。

## 功能各异的坦克

坦克发展到现在，已经成为了一个种类繁多、功能齐全的兵器家族。不同的坦克成员各司其职，在战场上担负起迥然不同的责任。下面我们就来了解一下这些功能各异的坦克家族成员吧。两栖坦克又称为"水陆两用坦克"，指的是"无需使用辅助设备就能通过水障碍的坦克"，部分轻型坦克及经过改造的中型坦克有此功能；装甲架桥车大部分由坦克改装而成，车体上装有架桥装备，大部分的装甲架桥车常常需要顶着敌人的炮火进行作业，有着一副炮火里历练出来的钢筋铁骨；扫雷坦克是装有清除地雷装置的坦克，其主要任务是进行战场排雷开路，它的具体工作方式有滚压式、挖掘式、火箭爆破式；喷火坦克是"二战"到越南战争时期出现的坦克衍生型，它与坦克的主要区别在于，坦克身上的主炮或机枪被改为了射程可达数十米的火焰喷射器。除此之外，还有步兵坦克、巡洋坦克等坦克类型。

新式的装甲运兵坦克

# 坦克战 〉〉〉

**在** "二战"期间,担任德军总参谋部军官的冯·梅林津,是《坦克战》这部预言坦克将成为战场主力的书籍的作者。梅林津在这部书里,通过对德国、苏联等国家军队面貌以及作战理念等问题深入分析,结合德国军队的实际情况,提出坦克应在多兵种合成兵团里起主导作用的思想。这种思想客观上促进了"二战"期间及战后坦克兵团的发展。

战场上顶着炮火硝烟前进的坦克

## 成书背景

"二战"期间,冯·梅林津曾在非洲、俄罗斯和西线参加了一些较大的战役,并同德国许多著名的军人有过密切往来。"二战"爆发时,梅林津作为第3军司令部的一名上尉,随军侵入波兰。整个"二战"期间,德国坦克兵团接受了一次巨大考验和历练,梅林津在战争结束时,也晋升为德军第5坦克集团军的参谋长,身为少将。他随军到过波兰、法国、巴尔干、俄罗斯等,亲眼见到坦克在战争中的各种条件下作战,从俄罗斯白雪覆盖的茫茫林海到撒哈拉一望无际的大沙漠。坦克这一新的作战兵器在战场上的卓越成长和强大威力,促使冯·梅林津决心写一本关于坦克以及坦克战的书籍。

## 军事思想

与英国人和法国人相比,"一战"之前,

兵器解密

曾广泛参与了波兰战役的德制 1 号坦克于 1934 年开始生产，因怕违反《凡尔赛和约》，这批坦克被伪装成"农用拖拉机"秘密生产。2 号轻型坦克是德国在 1 号坦克改进基础上研发的，其初始型号的坦克由 MAN 和戴姆勒——奔驰公司合作研发。

## 兵器简史

1935—1937 年间，德军内部关于坦克兵在未来战争中的作用，展开了一场激烈争论。总参谋长贝克将军倾向于法国的理论，主张把坦克的作用局限于直接支援步兵。但遭到德国陆军高层古德里安、布伦堡和弗里茨等人坚决反对，最终在希特勒的支持下，古德里安一方获得这场斗争的胜利。

德国人对于装甲战斗车辆研发的重视程度要小得多。1917 年康布雷战役结束后，坦克技术有了很大改进，但是德国人在这一方面的研发和生产数量却比英法等国差了一截。直到"一战"结束，德国在装甲兵方面都始终落后于同盟国。即便是作为德国自主研发的第一代 A7V 坦克车型，虽然也曾有过优异表现，但是它的一些致命缺点也是有目共睹的，比如在凹凸不平地面越野能力不足的缺陷。然而，利用两次世界大战的间歇期，德国人却在这样一种先天不足的基础之上，建立起了一支强大的坦克兵团，并使其在后来的战争中产生了极大影响。

德国人的坦克战思想并不是基于坦克装甲车自身的优良表现，而是通过对坦克在具体战斗中的实际应用，通过战术的安排来证明装甲车强大战斗力的。这与当时英、法等国将坦克分为小队，为步兵提供掩护和支援的想法截然不同。在德国陆军看来，大规模装甲集群才是现代战争取胜的关键所在。

在这种思想的指导下，1929 年左右，德国陆军高层，尤其是曾任德军装甲兵总监的

古德里安形成了这样一种认识："只有支援坦克的其他兵种具有与坦克相同的行驶速度和越野力时，坦克才能充分发挥其威力。在诸兵种合成兵团内，坦克应起主导作用，其他兵种则根据坦克的需要行动。因此，建立包括各兵种的独立的装甲师，才能使坦克更好地发挥作用。"这成为促进德军机械化军队建设的重要的主观因素之一，也是冯·梅林津在《坦克战》一书中的主要军事理念。

## 实践检验

20 世纪 30 年代，德军的机械化建设成为建军的首要问题。根据一战后签署的《凡尔赛和约》，德军不能将现代化兵器装配给军队，坦克明确包括在内。但是，德国军方已经意识到了在现代战争中坦克即将起到的作用。因此，尽管有和约规定约束，德军依然在不断发展自己的机械化部队。尽管从某种程度上来讲，德国人的坦克作战思想在欧洲各国中当属后起之秀。因为按照一般的理解，德军是在英国某些军事家理论的影响下，开始对自己的军队进行改革的。但不可否认的事实是，德国人关于坦克"多兵种协同作战"的战术运用理论是明显优于英国等"单纯坦克"主张的，并且，他们通过第二次世界大战中的实战胜利，也成功证明了这种理论的正确性。在《坦克战》一书中，梅林津通过自己在战争中的亲身体验，用一个过来人的口吻向我们详细介绍了坦克在"二战"战场上纵横驰骋的壮观场面。

> 1号坦克曾广泛参与波兰战役
> 入侵波兰时，德军约有1400辆1号坦克

# 闪电战的主力 »»

闪电战指的是采用移动力量迅速出其不意发起进攻，以避免敌人抓住有利时机，组织一致防御的一种军事学说。"二战"爆发之际，德意志国防军将此战术理念发挥得淋漓尽致，在对波兰、法国和苏联的入侵中取得立竿见影的效果。闪电战至今让人们记忆犹新，而在其中担当主力角色的坦克，也从那时起登上了现代战争中的核心主导地位。

↑ 闪电战的主要特点是战争速度快、猛烈、爆发突然。

## 闪电战的特点

闪电战顾名思义，就是像闪电那样快速、突然、出其不意。这是"二战"初期，德军在充分利用飞机、坦克快捷优势的基础之上，以闪击的突然袭击方式制敌取胜的法宝，也是德军在"二战"时大规模地、经常使用的一种战术。闪电战也叫闪击战，它以奇袭、集中和速度著称。闪电战的基础是机械化，掌握制空权是闪电战取得胜利的前提条件。当空中的战斗机群，地上的坦克部队以及步兵形成协同配合时，闪电战才会发挥出其巨大威力。一般在这种情况下，通常都是先由空军找到突破点，再由炮兵打开缺口，然后由装甲集群进入缺口并发展战果，机动步兵随后跟进。当发起闪电战的一方以迅雷不及掩耳之势破坏掉敌军指挥中心、通讯枢纽和交通枢纽后，会使敌军陷入瞎子、聋子的局面，此时再配合正面部队迅速合围敌主力步兵集团。因为飞机、坦克和机动步兵的行进速度往往都很快，火力也足够强大，这是闪电战能够产生强大威慑力的主要原因。不过，由于此战术对后方快速补给的依赖程度和要求非常高，所以，一但汽油和弹药粮食供应不上，闪电战就会失去其原有的

闪电战虽然有着诸多优势，但也有自身的弱点。其一：在其打击下，如果留在后方的敌军部队没有被完全消灭，则容易向后方发动反攻；其二，由于闪电战推进速度快，补给线易被迅速拉长，倘若补给跟不上，前方部队很容易受制，甚至可能受到反攻。

优势，甚至可能会被歼灭。

## 理论雏形

要说起闪电战的起源，可能要追溯到英国人富勒在第二次世界大战期间提出的关于机械化战争的理论。随着各国装甲车辆的大规模出现，以及内燃机广泛运用于战争，导致传统意义上的陆上战场产生根本性变革。战争对军队的运输能力、行军速度、防护能力以及突击能力的要求，从客观上达到前所未有的高度。这也从一个侧面迫使军事指挥、战略战术等思想理念随之发生改变。富勒在此基础上提出了组建以坦克为核心的，由专门的装甲兵组成的小型精干的机械化装甲部队，充分发挥其集中而灵活机动、防护力强、火力猛烈等特点；强调发挥装甲兵快速机动能力，通过速战速决的方式攻城略地，达到瓦解敌人士气、摧毁敌人意志的目的。富勒的机械化战争理论被认为是闪电战战术的理论雏形。

## 闪电战实战

20世纪30年代，纳粹德国的古德里安

**兵器简史**

"二战"时期，对阵地战的依赖和对消耗战的恐惧使英、法等国都将坦克的作用局限在支援步兵的任务中。但是，德国与苏联则通过对一战时期作战经验的总结和深入研究，利用坦克的技术特点发展出了以机动作战为基础的作战理论，分别形成了闪电战和大纵深作战理念。

和苏联的图哈切夫斯基等军事家在富勒的思想基础上，进一步发展了机械化战争理论。他们指出，装甲部队必须独立编成，并集中运用，而不是分散配属给步兵部队。早在"二战"之前，纳粹德国和苏联就已经开始较大规模的机械化作战编制。欧洲各国也相继开始普遍装备坦克和各种装甲战车，并且在作战构想中开始运用坦克、飞机、步兵和炮兵的协同作战，以达到快速致胜的目的。1939年德国入侵波兰，第二次世界大战的序幕由此拉开。德国充分运用其制空权、装甲兵上的优势，以"闪电战"快速突破波兰部队的防线，然后纵深迂回到波兰防线后方，分割包围了大批波兰部队。丧失了补给和通讯交通条件的波军，因无法退回到国土纵深进行休整补充，因而大批被德军俘虏。在不到一个月时间里，波兰首都华沙沦陷。在对波兰一役中，闪电战初次亮相就以其规模宏大、来势迅猛、出其不意令人震颤，此战也被视为是闪电战的一次经典之作。

⬆ 战斗中的坦克

> 库尔斯克战后，T-34成为苏军坦克主力
> 此战中，"虎""豹"式坦克被大量使用

# 库尔斯克会战 >>>

**库**尔斯克会战是"二战"期间苏德战场上的决定性战役之一。1943年初，苏军在斯大林格勒战役取得决定性胜利后，乘胜追击，收复大量失地。苏德双方最终在库尔斯克地区陷入僵局，一场"二战"史上规模宏大的战役正式拉开大幕，这也是一场坦克装甲集群之间激烈的正面交锋。

🔺 库尔斯克战斗中的坦克

## 苏德战争爆发

第二次世界大战开始后，法西斯德国的军队很快就席卷了中欧、西欧大陆、北欧以及巴尔干半岛。随后又控制了法国、波兰西部、荷兰、挪威等诸多国家，使得这些国家的人力、财力和物力成为其战争机器源源不断的动力源泉。凭借着威力无比的装甲雄师，希特勒的纳粹德军一路横行无忌，打得各国毫无还手之力。1940年，本想越过英吉利海峡西进，继而登陆英伦三岛的希特勒，因为受阻于海峡和对英国海军、空军的威慑，只好调转方向，将矛头对准了苏联。为了实现希特勒超越拿破仑，拿下克里姆林宫的愿望，德军总参谋部按照希特勒的指示，制定了"巴巴罗萨计划"。该计划旨在集中大量兵力，利用出其不意的"闪电战"从数个方向对苏联实施猛攻，直至击败苏联。1941年6月22日凌晨4时多，德军在北起波罗的海、南至黑海的1800多千米的漫长战线上，分为北方、中央、南方三个集团军群向苏联发动突然袭击。

## 德军战略部署

德国中央集团军群的主要任务是围歼

兵器简史

"堡垒"计划曾在德军高层产生过不小争论。该计划得到了德中央集团军司令京特·冯·克鲁格元帅和陆军总部参谋长蔡茨勒上将的支持，但同时也遭到了第9集团军司令莫德尔上将和装甲兵总监古德里安上将的反对。不过由于曼施坦因等人的说服和出于对闪电战的自信，希特勒最终还是采用了堡垒计划。

白俄罗斯的苏军，其兵源包括50个师和2个旅；北方集团军群的兵力是29个师，任务是歼灭波罗的海沿岸的苏军，进攻列宁格勒；后来参加库尔斯克会战的南方集团军群，其主要任务是向基辅和整个乌克兰总方向进攻，把乌克兰的苏军主力消灭在第聂伯河以西，兵力包括57个师和13个旅。此外，还有直指北方的挪威和芬兰两个集团军，分别向摩尔曼斯克和列宁格勒方向实施突击。由于苏军在战前的准备工作不足、装备陈旧以及指挥人员的素质较差，再加上德军方面是有备而来、占有装备上的技术优势等原因，苏军在战争一开始就遭到了较重打击，处于战略上的被动局面。据相关数据统计，仅仅在苏德开战的头18天里，苏联就损失了约2000列火车的军火，三千余门大炮，二千余架飞机，一千五百多辆坦克，以及30万被德军俘虏的苏军。

## 库尔斯克会战前奏

1940年9月，北方集团军联合芬兰军队开始长达900余天的"列宁格勒围城战"。与此同时，德中央集团军也开始发动占领莫斯科的，代号为"台风"的大举进攻。此次战斗中，德军动用的兵力将近180万，包括75个师，约1700辆坦克，一万四千余门火炮，一千四百余架飞机。苏军则出动了有3个方面军和一个战役集群，约125万的兵力，共75个师，九百九十余辆坦克，七千六百多门火炮，六百七十余架作战飞机担任防御，并在莫斯科以西三百余千米纵深内，建立了梯次配置的多道防御地带。尽管德军在数量和技术上占据优势，但苏军凭借顽强抵抗，顶住了德军进攻，最终使此次战斗的天平倾向了自己一方，并于1941年12月转入反攻。苏军在莫斯科会战的胜利，导致的直接结果之一是使得素有"世界坦克战之父"的古德里安被希特勒一怒之下调返回德国。然而，苏联的反攻开始没多久，就被德军的技术优势占据了上风。时间进入了1942年，这年6月德军在塞凡堡战役中，攻占了苏联克里米亚地区黑海舰队主港塞凡堡后，挥师直指斯大林格勒和苏联石油重地外高加索。德军此举意在切断苏联南部地区与莫斯科的联系，试图从东南方向迂回包抄，夹击莫斯科。

## 斯大林格勒巷战

1942年6月底，德军渡过顿河河曲，继而分兵进攻斯大林格勒和北高加索。其中第六集团军负责进攻斯大林格勒，第四装甲军团进攻高加索油田。1942年7月下旬，斯大林格勒战役打响。德国在此役中投入的兵力约有25万人，此外还有七百四十余辆坦克、一千二百余架飞机的支援。与之相比，苏军仅有约16万人，不足400辆坦克，六百多架飞机参战。但是，就是在这样数量相差悬殊的情况下，苏联军民浴血奋战，与突入城中的德军展开了一场残酷激烈的血肉巷战。由于苏军的殊死抵抗，德军的进攻迟迟难以推进。为了赶在苏联寒冷的冬季来临之前夺取胜利，第六集团军司令保罗斯命令军队向斯大林格勒发起

激烈的库尔斯克战役

苏德双方又几次交火。苏联西南方面军遭受重创,3月中旬苏军被迫放弃一个月前刚刚攻占的哈尔科夫,后撤至库尔斯克南面的奥博扬地区,同时从列宁格勒、斯大林格勒分别调来第1坦克集团军以及第21和第64集团军进行了支援。

曼施坦因组织的此轮反击,造成了以库尔斯克为中心的突出部的形成。1943年7月,德军在库尔斯克突出部集中优势兵力,意图包围库尔斯克突出部的两个方面军的苏军,进而发起其在东线的最后一次进攻战——库尔斯克战役,德军方将这次进攻战代号定为"堡垒"。苏军方面在战役之前获得准确情报,加强了库尔斯克突出部的防御措施,并在游击队的帮助下,给德军的后勤保障系统造成干扰。此次战役中,苏军用于库尔斯克防御决战的兵力有一百三十三万余人,配备坦克和自行火炮三千四百余辆,此外还有作为总预备队的草原方面军。而德军用于库尔斯克方向的兵力达90万人,共50个师。其中的29个师被分别组成两大突击集团,有15个师的兵力负责从北面突击库尔斯克,其余14个师从南面发起进攻,两个突击集团各配备有两千七百余辆坦克。

猛烈进攻。11月底,希特勒调遣德南方集团军司令曼施坦因元帅,率领A集团军群的装甲重兵集团支援保罗斯,但遭到苏军阻截。1943年2月初,第六集团军司令长官保罗斯宣布投降。苏军取得了斯大林格勒战役的胜利,从而根本扭转了苏德战场的局势,也彻底改变了"二战"的整个进程。

## "堡垒"计划

德军在斯大林格勒战役惨败后,整个南线部队一直向西退却。而苏军则乘胜进攻,收复大量失地。但是,在德军溃退的同时,南方集团军司令曼施坦因元帅也开始计划向苏军反扑。就在这时,苏军名将瓦图京发生了失误,他错误地认为德军已无还击之力,遂指挥军队形成一个梯队猛追。曼施坦因看准时机,主动放弃了一些重要据点,诱敌深入。结果苏军在进攻中兵力不断分散,战线越拉越长,后勤保障出现困难并增加了增援的难度,而德军则抓住时机完成了兵力集结。随后,

## 坦克战传奇

1943年7月5日凌晨时分,库尔斯克决

兵器解密

德制3、4号坦克曾在战场上称雄一时，尤其前者更在数量堪称德陆军最重要的坦克。3号坦克最初是作为一种坦克歼击车设计的，"二战"时，该型号许多坦克被改装成自行火炮，一直服役至战争结束。4号坦克具有良好的"火力-重量"比，机动性很高，曾力敌苏T-34坦克。

战打响。面对苏军极其顽强的防御，德军的进攻只能以极其缓慢的速度向前推进。12日，双方在库尔斯克突出部南翼的奥博杨地区，一座名叫普罗霍罗夫卡的小村庄发生坦克遭遇战。这场激烈的战斗持续了一整天，双方各有一千二百多辆坦克参战，同时派出大量飞机进行火力支援。随着"二战"后更多军事资料的解密，后来人们发现，实际上此次坦克大战的规模比原先认为的要小得多。双方直接参战的坦克和自行火炮也只有约600辆。其中德军不到200辆，苏军约400辆。当滚滚的坦克铁流与步兵、炮兵组成的地面火力网交织在一起，再加上从天而降的雨点般的密集轰炸，这个小村庄顿时成为了一座人间炼狱，世界军事史上最大的坦克大会战爆发了。日暮时分，苏军在这场决战中取得了关键性的胜利。尽管后来的军事史研究称，此次战役德军实际上以较小的交换比在战术上击败了苏军，然而，德军的进攻能量与此同时被耗得所剩无几也是事实。8月下旬，苏军收复哈尔科夫，库尔斯克战役以苏军全面获胜

宣告结束。库尔斯克战役被认为是苏德战争中最大规模的决战，也是"二战"中最大规模的战役。这场决战使德军丧失了约50万士兵，一千五百多辆坦克，三千多门火炮，三千七百多架飞机，基本失去了在苏联战场展开大规模进攻的能力。从此，苏军完全夺得战略主动权，德军被迫转入全面防御。

名不见经传的普罗霍罗夫卡小村庄因一场坦克战闻名于世

兵器知识 > 萤火虫76毫米主炮能立克虎式前装甲
炮塔是坦克主炮的可旋转装甲盒状部位

# 波卡基村之战 >>>

**任**何的武器都需靠人掌握和使用。"二战"期间，德国人的虎式坦克出尽风头，更成就了不少战斗英雄。1944年，德军头号坦克战王牌米歇尔·魏特曼单独在波卡基村战中，指挥一辆虎式坦克对盟军发动突袭。一日之内共击毁盟军大小坦克、装甲车、军车五十余辆，创下了单人一日击毁军用车辆数目最多的纪录，这项纪录至今未被打破。

## 从列兵到军士

米歇尔·魏特曼被认为是第二次世界大战中，最著名的坦克指挥官。他出生于1914年，父亲约翰·魏特曼是一个农民。1934年，魏特曼参加了RAD（德国劳动军团的简称），并一直待到7月。1934年10月底，他以列兵的身份加入了德国国防军第19步兵团，两年后，服役期结束时，魏特曼已经成为一名军士。1937年4月，米歇尔·魏特曼加入了武装党卫队"阿道夫·希特勒护卫队"（简称LSSAH）92团第一连。随后，他开始了一系列装甲侦察车的驾驶培训。这一过程中，他不仅熟练掌握了装甲车的驾

🔊 坐在"虎"式坐骑上的魏特曼

### 兵器简史

1943年，英军的第一批克伦威尔巡洋坦克完工。尽管不少人认为，克伦威尔在很多性能上难与德制坦克相提并论，但较之英国之前的其他坦克类型，克伦威尔仍然有着出色的表现。特别是在1944年的诺曼底登陆战中，其装备的75毫米主炮对德军坦克起到了有效威慑作用。

驶技术，而且很快表现出了作为一名出色的驾驶员所应具备的各种素质，不久便加入了LSSAH第17连（装甲侦察连）。1939年9月，波兰战役爆发。魏特曼作为一名LSSAH侦察部队的军士，指挥着自己的轻型装甲侦察车参加了波兰战役。

## 坦克战斗历程之始

1939年10月，米歇尔·魏特曼来到位于柏林的LSSAH第5装甲连报到，当时那是一个突击炮培训"学校"。次年初，鉴于他拥有丰富的装甲侦察车驾驶经验，魏特曼被调入新成立的LSSAH（当时为一个摩托化步兵团建制）突击炮营，与3式突击炮A型并肩作战。1941年初的巴尔干战役中，魏特曼开始了他的坦克战斗历程。在希腊时，他指挥着LSSAH突击炮营的一个排一起冲锋陷阵。这年6月中旬，由于整个LSSAH师被调往苏联战场东线，加入南方集团军群编制，魏特曼也随即来到苏联，为即将到来的"巴巴罗萨"计划做准备。从这时直到1942年的6月，魏特曼一直随部队在苏联作战。之后，他因为多次战功，分别被授予二级铁十字奖章、一级铁十字奖章。因为在罗斯托夫的一次战斗中，他成功击毁了6辆苏军坦克还获得了坦克突击纪念章，并被晋升为军士长。之后，他作为军官候补生来到巴伐利亚的武装党卫队军官训练营参加了数月业务培训，毕业时，取得了坦克教员的资格。

## 与虎式坦克结缘

1942年秋季，第一武装党卫队实行摩托化建制，并配备了最新的"虎"式坦克。这年年底，魏特曼晋升武装党卫队少尉，并被编入LSSAH第13连。1943年1月底，LSSAH回到东线。此时，魏特曼所在的第13连已经开始接受虎式坦克的技术培训，但魏特曼本人却并未得到虎式坦克的指挥权。直到不久以后，他才如愿得偿地加入了虎式指挥官的行列。1943年7月，库尔斯克会战打响，魏特曼也开始了与"虎"式坦克共同作战的传奇经历。战斗打响当天，魏特曼就指挥自己的团队，驾驶"虎"式坦克成功摧毁了苏军两门反坦克炮和13辆T-34坦克。此次战斗持续到7月17日结束，这段时间里，魏特曼取得了摧毁30辆苏军坦克和28门火炮的战绩。

## 离开东线战场

1943年7月29日，魏特曼所属的第13坦克连改编成为LSSAH师直属的武装党卫队第101重型坦克营。10月，第1武装党卫队"阿道夫·希特勒护卫队"装甲掷弹兵师整编为第1武装党卫队"阿道夫·希特勒护卫队"装甲师。在101坦克营，魏特曼的战车编号为1331，他与自己的战友以及他们各自的战车共同在营长海因茨·克林的指挥下作战。在这年秋季苏军发起的反攻战斗中，魏特曼和自己的战车在无数次大大小小的战斗中经历了炮火的淬炼，其实际作战

⟲ 行进途中的魏特曼坦克小组

战斗中的"虎"式坦克

经验日益丰富，战术和作战思想也不断成熟。1944年1月中旬，米歇尔·魏特曼被授予骑士十字勋章，不久即获得中尉军衔。半个月以后，魏特曼接到了希特勒本人发来的电报。电报中，希特勒称代表德国人民对英勇作战的魏特曼表示感谢，并为他授予带橡树叶的骑士十字勋章。1944年2月底到3月初，在101坦克营大部分被运往比利时途中，魏特曼接过了101营2连的指挥权。他在离开苏联战场东线时，对那里的战斗做出了自己的评价，在他看来苏军的反坦克炮较之坦克更难对付，也更有战术价值。后来人们猜测，也许当时魏特曼本人也没有想到他不会再回东线了。

## 战斗指示

1944年6月初，希特勒最不愿看到的事情发生了，盟军在法国诺曼底成功登陆。诺曼底登陆一周后的1944年6月13日，魏特曼所在部队奉命对法国卡昂附近的盟军进行反击。由于盟军的反复空袭，魏特曼指挥的武装党卫队第101重型坦克营第2连损

失不小。当魏特曼带领他的虎1坦克组脱离主力部队，孤军深入到波卡基村附近侦查时，他们只剩下了4辆"虎"式和1辆4号坦克。当时坦克组正位于213高地（波卡基村东侧的一处小山包）附近，按照上级的指示，他们要执行的主要任务是制止英国第7装甲师的前进，保卫德军的侧翼即后面的"勒尔"装甲师，以及维持到卡昂的道路畅通。根据情报部门提供的消息，魏特曼确信英军第7装甲师会穿过波卡基村，所以他们很早就守候在了这里。

## 神奇过程

大约在早上8点，魏特曼的坦克连盯上了一个在波卡基村附近一条下凹的公路上前进的英军装甲纵队。当英军近3个连的兵力进入波卡基村时，魏特曼也整装待发开始行动了。由于他自己的"虎"式战车"有伤在身"，还在修理中，于是他借用了战友的231号坦克。随着魏特曼一声令下，他的团队驾驶着这辆"虎"式轰鸣着驶出林间小路，向波卡基村的方向驶去。此时，英军第22装甲旅的一支连队已经穿越波卡基村到达231高地，而另一支连队正在村子以西的道路上集结。1辆M5A1轻型坦克和4辆"克伦威尔"正在村中，另外还有4辆侦察车和20辆M21半履带卡车以及1门35毫米反坦克炮停在村子里。对此并不知情的魏特曼指挥着231号直接通过村边的麦田，插入公路，这下正好犹如一枚钉子楔入英军的车

1941年，在德国4号坦克与苏联的T-34坦克首次交手后，根据它所表现出来的不足，德军为其换装了经过重新设计的炮塔，装上了火力更强的75毫米口径反坦克炮。改头换面后的4号坦克，被称为4号F2型，后来又被重新命名为4号G型。

队中。一进入公路，视野开阔后，魏特曼这才发现自己的处境有多危险。原来就在他右侧15米左右的地方一辆英军侦察车就停在那里，而左侧约200米处，几辆英军坦克的炮塔正对着他的"虎"式。那辆侦察车因为有灌木丛遮掩，未能发现德军的坦克，但是那几辆坦克却发现了魏特曼的战车。他们大吃一惊，还以为附近有德国的装甲部队，而且是可怖的"虎"式坦克，他们该做何反应呢？

## 惊人战绩

就在英军的几辆坦克还在发愣时，魏特曼当机立断，首先反应过来。一辆侦察车没有什么可担心的，关键是那几辆坦克，得先解决掉这几个庞然大物。于是，在魏特曼的指挥下，"虎"式迅速掉头左转，其360度旋转炮塔则转得更快。魏特曼一声令下"开火"，炮手博比凭感觉打出了第一发88毫米炮弹，英军当头的M5A1一瞬间被打得粉碎。剩下的"克伦威尔"坦克在还未能装弹的情况下，只能束手待毙。魏特曼的"虎"式又是几发炮弹，在连续的攻击下，3辆"克伦威尔"也化为几堆废铁。之后，魏特曼从公路上找到一个缺口，绕过路旁的麦田，迂回到英军坦克组的侧面。这下，英军停在路边上的车辆就成了"虎"式炮筒下的活靶子。魏特曼调整炮塔方向，开始了精准射击。片刻之

间，英军二十余辆侦察车、反坦克炮、半履带车等就瘫痪下来。借着树丛的遮掩，"虎"式一不做二不休，又绕到位于小山包上，但对"虎"式的行踪毫不知情的另一组英军车队，已经发觉不妙但"虎"式已在车队的侧面。此时，魏特曼的"虎"式这时距离英军不足250米，借着"虎"式88毫米炮的巨大威力，英军的"萤火虫""谢尔曼"以及"克伦威尔"等装甲车，共计约23辆在此遭到摧毁。

到了当天晚上时，波卡基村又重新被德军占领。而英军则在白天的战斗中损失了25辆坦克、14辆半履带车和14辆"布伦"式运输车，还有数百名士兵。与此同时，令人感到诧异的是，此次战斗中，德军第101重型坦克营共有6辆宝贵的"老虎"坦克光荣殉命，而魏特曼指挥的那辆"虎"式却几乎毫发无伤。

🔸 魏特曼指挥的"虎"式坦克

> 战场上开阔的地形有利于坦克集群作战
> "谢尔曼"是美制第一种具战斗力的坦克

兵器知识

# 诺曼底坦克战 》》》

**1944** 年6月6日凌晨，盟军在诺曼底海岸成功登陆。但是，登陆后的盟军未能在战局上迅速突破，而陷入与德军的胶着状态。为夺取战略优势，盟军和德军不遗余力向诺曼底派去大量部队，意图打破僵局。在这场"二战"中最著名的登陆战中，交战双方派出了各自精锐装甲部队。一时间，诺曼底出现了一股坦克装甲车的钢铁洪流。

正在观察战事的装甲士兵

晚，当盟军大批部队登陆，并纵深内地几千米的消息传来，希特勒着急了，他慌忙批准派出装甲师支援诺曼底。随着德军装甲师开往诺曼底战场，一场空前激烈的大规模坦克战蓄势待发。如何摆脱德军装甲精锐，突破德军防御纵深成为盟军司令部不可回避的问题。7月10日，蒙哥马利、英军第2集团军司令迈尔斯·丹普西以及美军第1集团军司令布莱德利进行了一次会晤。

## 登陆成功

1944年6月6日清晨7时许，随着盟军地面登陆部队总指挥蒙哥马利指挥英国第2集团军登上诺曼底海岸，德军西线司令部的高层们着急了。正在家中休息的德军元帅隆美尔匆匆赶来，和其他几位德军将领一起，向希特勒请求急调两个精锐坦克师去诺曼底。自傲的希特勒并未在意，但当日傍

### ◀◀ 兵器简史 ▶▶

由于诺曼底战场上灌木丛生，树丛水沟遍布，不具备苏德战场或北非战场上的开阔地形，有碍装甲部队大规模战斗的展开，因而在此期间的坦克战多集中在营、连、排甚至单车间爆发。这种情况下，德军凭借装甲兵丰富的作战经验以及豹式坦克的良好性能取得了战术上的优势。

会议上蒙哥马利同意了布莱德利代表美国军方提出的"眼镜蛇行动",同时,为此次行动制定出了详细作战方案,英军将此次行动代号定为"古德伍德"。蒙哥马利命令丹普西"(在东线英军战区)发动攻势,拖住德军主力,特别是其装甲部队,以减轻布莱德利(在西线美军战区的压力)"。

## 古德伍德行动

然而,英军与美军在各自战略利益上的考虑却各有打算。就在古德伍德行动正式打响的前三天,丹普西接到了蒙哥马利的一份书面指令,要求他"不作纵深突破,仅作有限攻击",力求与"德军装甲部队交战","以东线胜利争取在西线实现目标"。当时,英军已经计划动用第8军的3个坦克师、2个步兵师执行"古德伍德"行动的主攻任务,另外还安排了英第1军在东翼助攻,加拿大第2军进行西翼掩护。按照当时盟军情报部门的判断,与诺曼底战场上的德军比较,英军在兵力上占有绝对优势。除了坦克数量远超过德军,英军还占有地理上的优势。英军负责主攻的地区地势起伏不大,"有利于坦克部队发挥机动优势"。但是,蒙哥马利将军显然对自己的坦克部队不敢过于乐观,这或许也成为他向丹普西作出指令的原因之一。除蒙哥马利对德军心存顾忌之时,英军的情报部门还乐观地作出这样的认定:驻守当地的德军仅有两道松散的防线。但事实上,当时德军已经设下了三道防线。其中第21坦克师刚得

到1个虎王重型坦克连和两个虎1重型坦克连的补充。而据守第三道防线的第1党卫军装甲师、第12党卫军装甲师英军情报部门更是未能及时发现。

## 德军的顽抗

7月18日凌晨5时45分,英军派出大量重型轰炸机向德军第21坦克师阵地投掷了约4800吨高爆炸弹,"古德伍德"行动帷幕正式揭开。与此同时,英军第8军在卡昂镇以东发起主攻。第11装甲师率先向布尔戈巴斯岭地攻击前进,禁卫装甲师继而朝东南方向进攻,意图攻占弗蒙特,第7装甲师则向南最后发起攻击,企图夺占法莱斯。在炮火的猛烈攻击下,德军第22坦克团、第503重型坦克营暂时失去战斗力。前沿防线多数被摧毁,残余德军只能做零星抵抗。不过,英国皇家空军的大轰炸虽然摧毁了不少较大目标,但遮天蔽日的沙土也使德军保存了不在少数的漏网之鱼。正因为如此,当

🔊 前往诺曼底战场途中的装甲兵战士及他们的坦克

🔊 诺曼底战场上的作战坦克

日正午时分，当英军第11装甲师突入德军防线约12000米处，接近卡昂—弗蒙特铁路时，他们发现德军的抵抗又开始逐渐增强。德军的反应速度显然超出了英国人的估计，他们很快击毁了英军第11装甲师先头部队二十余辆坦克，使英军先头攻势陷入停顿。接着，当日下午，又顽强阻击了第11装甲师另外两个团的进攻，导致该部坦克损失过半。而英军第29旅第3皇家坦克团在攻取布尔戈巴斯岭地的战斗中，因为低估了德军的作战能力，结果进入德军预备队第1党卫军师在该地预设的陷阱，遭到德军猛烈的反坦克火力轰击，损失惨重。紧随而来的英军第2坦克团在还没搞清楚状况的情况下，即损失了29辆坦克。两个小时后，英军派来支援的第23团赶到，不幸的是这支援军也遭到了相同的命运。

## 诺曼底的库尔斯克战

7月19日，英军在诺曼底战场发起新一轮的攻势。这一次，英军情报部门仍然低估了德军的负隅顽抗之力。据他们分析，德军很可能因为损失惨重而主动后撤。但事实上，德军非但没有撤退，反而主动发起了反攻。19日清晨7时许，第2党卫军装甲团展开反攻，英军已遭重创的第3皇家坦克团首先成为德军的目标。第3团在德军突然

的进攻下，惊慌失措，被迫撤退。直至下午，英军才真正组织起三个师进行协同作战。然而，巨大的损失已经无可挽回。据战后统计，这一战中，英军伤亡了四千八百余人，共有将近470辆坦克被击毁。此役被认为是英军有史以来进行的最大规模坦克战，也是"二战"期间西线战场最重要的坦克战，所以也有人将其称为"诺曼底的库尔斯克战"。

7月24日，布莱德利的美第1集团军准时发起"眼镜蛇"行动，向圣洛以西的德军发起猛烈攻击。奉命在此防守的德军西部装甲集群，在与美军激烈交火之后，勉强跳出美军的包围圈，但仍落得5万余人被俘，1万余人被歼的结果。截至此时，盟军才终于在诺曼底打开了局面。

## 德军帝国师

在诺曼底战场上，不仅有交战双方坦克装甲集群之间的大规模正面交锋，也有小股或单独的坦克战车殊死搏斗的较量。下面就让我们一起穿越历史，回到当时的战场，去感受一下发生在诺曼底登陆期间一场惊心动魄的生死之战吧。

诺曼底西南部的小城圣洛是诺曼底战场上一座重要的交通枢纽，那里有两条对德军和盟军而言，都至关重要的道路N-172和N-174穿城而过。当时的情况是，假如美军能够攻占圣洛，那么他们就可以向诺曼底东南方向快速插入，进而从左翼包抄在卡昂以西作战的德军西部装甲集群，一举歼灭了诺曼底战场上的德军装甲主力。但是这一念头也早被德军意识到，为了解除美军可能构成的战略威胁，德军从东线紧急调集精锐装甲部队，冒着盟军空军的炮弹和地面的猛烈炮火展开拼死反扑。

1944年初，二战中德军武装党卫队最

谢尔曼坦克被认为在诸多性能上不及德国坦克，比如火炮威力不够强，装甲也不够坚厚等。尽管如此，在美国宣布参战以后，谢尔曼坦克仍然以数量上的绝对优势在"二战"战场上力压德军的装甲部队。直到现在，南美一些国家仍有该型坦克在继续服役。

兵器解密

出色的王牌部队——帝国师，全师移至法国南部进行整补。德国党卫军第2帝国装甲师（简称SS2）是党卫军中第一个成师级规模的部队，它拥有众多的战斗经历，参加过入侵波兰、入侵法国及低地国家等战役，另外还有"巴巴罗萨"计划，进攻莫斯科的"台风"行动，库尔斯克战役的"堡垒"行动等，可谓久经沙场，有着非常丰富的作战经验和高素质的作战人员。1944年6月初，盟军从诺曼底成功登陆后，帝国师奉命出击。7月初，帝国师从法国南部的波多尔赶至圣洛附近，在这里进行了一系列阻挡美军第9、30步兵师及第3装甲师前进的战斗。

## 巴克曼的战绩

1944年7月8日，帝国师组织了一个战斗群，从圣·塞巴斯蒂安——塞特恩附近对美军左翼发动进攻。帝国师四级突击小队长恩斯特·巴克曼所在的第2装甲团第4连，很快就与美军的坦克组交上了火。巴克曼等人驾驶的德制"豹"式坦克，被广泛认为是"二战"中最优秀的坦克之一。就在这一天，巴克曼的"豹"式战车第一次击毁了一辆美制的谢尔曼坦克。但是，美军的坦克车随即召唤来了空军，在密集的炮弹轰炸下，巴克曼和他的战车组在遭受损失后被迫撤退，但是他们并未离开此地多远。

7月12日，第4装甲连再度与美军交手。这一天，巴克曼和他的"豹"式又击毁美军坦克2辆，击伤1辆。13日，巴克曼借着良好的伪装，再击毁了3辆谢尔曼坦克。

但是他的"豹"式也在这次交火中遭到炮击起火，所幸的是车上的乘员及时逃离未有大碍。由于当时的美军对德军的"豹"式坦克很是畏惧，他们没有追赶巴克曼等人。在美军撤退后，巴克曼和战友赶紧返回原地扑灭大火，并将这辆"豹"式拖回修理连进行维修，以使它能够重新参加战斗。14日，为了寻找之前被切断联系的4辆"豹"式坦克，巴克曼驾驶另一辆"豹"式战车单独外出搜寻。在此次行动中，他成功地完成任务并再次击毁3辆谢尔曼坦克。当日下午，巴克曼遵照团长指示，奉命解救在战斗中受伤的德军士兵。不料中途遭遇美军，战斗中巴克曼的战车履带被打伤。

在美军"眼镜蛇"行动打响之后，德军正面的装甲部队遭到重创，但是仍有少数德军坦克车在伏击战中取得了不小的战绩，很大程度上干扰了盟军的进攻。巴克曼指挥的坦克组就是这样的例子之一。在库唐斯遭遇战中，巴克曼巧妙利用隐蔽条件，灵活指挥战斗，在库唐斯至圣洛国道与勒洛雷的便道交叉路口处，击毁了数辆美军坦克、半履带车等，以及一辆弹药运输车。此次伏击战的胜利，成功阻滞了美军向库唐斯附近的推进。此后，巴克曼指挥着受伤的"豹"式还参加了库唐斯的巷战。7月30日这支德军小分队将2辆用尽燃料的"豹"式炸毁之后，徒步逃回了己方阵地，于8月5日与SS2帝国师第2装甲团第4装甲连会合。

兵器知识

> 悬吊是连接车架、车桥、车轮的动力装置
"豹"式有驾驶、通讯、炮手和车长等人

# "豹"式坦克 >>>

"豹"式坦克（又称五号坦克）主要在 1943 年中期至 1945 年的欧洲战场服役。据说，研制"豹"式的初衷是为了对付苏 T-34 坦克。在"二战"战场取得赫赫战果的"豹"式，几乎具备了一辆优秀坦克的所有标准条件，火力强大，机动性强，防护严密。"二战"结束后，德国人又在"豹"式原有的基础之上，研制成了更加适于现代高科技作战的"豹"Ⅰ、"豹"Ⅱ。

↑"豹"式坦克歼击车

## "豹"式坦克的设计初衷

1942 年初，在东线的苏联战场上，苏军的 T-34 坦克横扫德国人的 4 号和 3 号装甲战车，迫使德国人研制出了"豹"式坦克。为了摸清苏联人的 T-34 坦克各项性能，德国最高统帅部特意派出一支部队前往东线战场进行评估考察。苏军的 T-34 坦克具有哪些令德国人吃亏的优势呢？德国人发现，苏联坦克在设计上有几个特别之处：其一是苏联坦克的倾斜式装甲。这样的装甲不但能增加弹开敌方来袭炮弹的可能，而且增加了装甲的厚度，增强了其抗打击能力；其二，苏联坦克较宽的履带和较大的路轮，大大增

强了坦克在松软地面上的机动性。

在考察结果之上，德国的戴姆勒—奔驰公司和 MAN 公司分别被德国军方授命设计新型坦克。1942 年 4 月，在希特勒的生日上两家公司交上了各自的设计提案。经过军方的考核认定，MAN 公司"在大而宽的车身后端安装一个坚固的炮塔、一个汽油发动机、采用扭力棒的悬吊系统和典型德国坦克的乘员舱房"的设计理念，赢得了德国军部的肯定。尽管希特勒本人更倾向于戴姆勒—奔驰公司那辆各方面都类似于苏军T-34 的坦克，但军部仍然在 5 月采纳了 MAN 公司的方案，并开始生产模型。

### ◄兵器简史►

"豹"式在"二战"的欧洲战场上备受瞩目。据说，平均 5 辆 M4"谢尔曼"坦克被击毁才有一辆"豹"式坦克被消灭，如此大的威力，使得它成为德军中最具效率的装甲坦克之一。但是正因如此，到了战争后期，一些未能被德军自行放弃的"豹"式在被俘获后，大多都成为了战场上转而攻打德国人的"叛徒"。

"豹"1坦克是20世纪60年代,联邦德国和法国合作研发新武器的产物。德国人首先提出了"豹"1设计方案,最后他们抛开了法国,独立采纳了这一方案。"豹"1具有高度的机动性和一门火力强大的105毫米主炮,曾是冷战期间北约陆战防御力量的重要组成部分。

## 名称由来

1942年9月,MAN公司的第一辆"豹"式坦克正式出炉,经过测试后被军方采用,同年12月正式投产。由于德国军方对"豹"式坦克的需求量较大,1943年以后,除了MAN公司,戴姆勒—奔驰公司、MNH公司、HS公司也开始加入"豹"式坦克的生产大军。不过,虽然德国人对"豹"式满怀期待,但早期的"豹"式坦克却因为设计太过复杂,导致了一些机械问题。比如引擎马力无法负荷车身所增加的额外重量、冷却系统的设计不良导致引擎时常起火、路轮的外缘出现毛病等。由于它需要经常维护,无法在战场上持续作战,因而也没能最大程度发挥自己的作战能力。在1943年的库尔斯克战役中,德军第48装甲兵团约200辆"豹"式坦克中,就因为这些机械问题,最终仅有38辆被派上了战场。然而,在解决了问题后,"豹"式开始广泛应用于从东线到西线的各个战场。由于采用了与苏联坦克类似的坡状装甲,"豹"式坦克在面对盟军的炮火袭击时,大大降低了其受损率。"豹"式出现以后,很快就以其各项优势在战场上崭露头角,被认定为德国在"二战"中最出色的坦克。1944年以前,它被标识为5号坦克"豹"式,在1944年2月下旬,由希特勒下令将其改称"豹"式坦克。

## 设计特色

额外安装的火炮和车身前方的倾斜装甲,可能要算是"豹"式与德国传统坦克差别最大的地方。重达45吨的"豹"式坦克,由于安装了一台能够提供700匹马力的迈巴赫HL230型12缸汽油发动机,"豹"式有了能够承受连续行进2000千米左右负荷的能力。除了上述优点,"豹"式独特的交错式路轮连接扭力杆承载系统设计,也被认为是"二战"中德国坦克最好的设计。不过这一设计也存在缺点,比如在苏联战场进入冬天时,经常发生的路轮冻结经常使得坦克无法动弹,给维修工作带来极大不便。此外,"豹"式由前方的驱动扣链齿轮、后方的导轮和8个涂上橡胶的钢轮所组成的悬吊系统,还在每个震臂中添上两支扭力棒作为其悬吊系统的另外部分,这也极大增强了"豹"式悬吊系统的稳定性。而先进的控制系统以及液压和循环档系统,也为"豹"式具有了远胜当时任何其他坦克的优秀品质。

🔅 "豹"式坦克是德国"二战"后期的成功作品,因此受到格外重视,在后期德国坦克生产中平均产量最高。

> 巴顿装甲骑兵博物馆藏有一辆T-28
> T-28与鼠式履带宽度相近，约1米宽

# T-28 超重型坦克 >>>

> "一战"时,美国研制出了T-28超重型坦克(后来被更名为T-95型105毫米自行火炮车)。1943年9月美国陆军基于登陆后,要对付德军坚固工事的考虑,希望研制一种装甲厚、火力强的重型战车,随后启动了多个重型坦克项目。T-28由此应运而生,但和德国鼠式超重型坦克的命运几乎如出一辙,T-28最终也未能在战场上有所作为。

### 兵器简史

T-28坦克在1945年的时候被重新设计为"T-95型105毫米自行火炮车"。但是1946年,T-95的编号被撤销后,它又被重新更名为"T-28"型坦克。1947年后期,美军终止了超重型坦克的研制,T-28在亚伯丁试验场上的性能测试也随即停止,T-28始终没有能在战场上露面。

## 应对"鼠"式坦克

1942年夏初,德国著名的坦克设计师波舍尔向希特勒提出研制超重型坦克的提议。急于求胜的希特勒当即采纳了波舍尔的建议,并委任他负责这项目的研发。经过两年时间的努力,1944年春,德国的鼠式超重型坦克问世了。这被认为是当时世界上最重的坦克,其重达188吨左右的庞大体形,使它看起来更像是陆地上的一座移动堡垒。再加上其88毫米的反坦克炮,更是令盟军的坦克兵闻风胆寒。为了对付德国陆军的鼠式坦克,1945年,美国陆军也开始了设计和发展一种超重型坦克的进程,以尽快投入与德军交战中进行的反碉堡和反装甲车战斗。

## 巨大的"钢铁爬虫"

按照美国军方的原计划,这种超重型坦克需要安装105毫米口径的主炮和三百多毫米的前装甲。1945年春,美国太平洋汽车铸造公司开始着手设计,并按要求制造出了5辆样车。但到最后,实际只生产出来2辆。T-28坦克外形低矮,类似于苏联和德国的突击炮。其105毫米坦克炮直接安装在车体前部,主炮的水平回旋角10°(一说右射界10°,左射界11°),俯角向下-5°,仰角

⊙ 身躯庞大的超重型坦克

德国建造的鼠式坦克比现代坦克重3—4倍，达188吨。车长9米，高3.66米，宽3.67米，正面装甲厚达200毫米。能爬30度斜坡，跨越4.5米深的壕沟，攀登近0.72米高的垂直障碍物，并能涉过2米深的水，车上可搭载8名乘员。

兵器解密

⬆ 体积庞大、有着超级重量的T-28坦克。

向上+20°。由于较特殊的无炮塔结构，T-28有着相对低矮的外型轮廓。但是当它达到满载的战斗重量时，可说是有史以来最大的"钢铁爬虫"，重达95吨。不过后来有研究认为，T-28的这种无炮塔结构限制了其火力发挥。

## 独特设计

T-28车长11.1米、宽9.85米，高2.84米，其作战乘员共有8人。在T-28庞大的身躯里，驾驶员的位置被安排在车体前方左侧，炮手位于车体前方右侧，装弹手位于驾驶员后方，而车长则位于炮手后方。另外，T-28的设计者还专门为车长和驾驶员设计出了两个独立的舱门，在车长舱门的上方还配有一门12.7毫米机枪，可供及时射击。虽然T-28有着重达95吨的身躯，但是它的动力系统却仅仅依靠一架福特公司制造的三百多千瓦八汽缸汽油引擎。这种被认为是"小马拉大车"的设计导致T-28的最大行进速度只有不到13千米/小时，而在通常情况下，其行进速度只能保持在11千米/小时左右。由于自身重量太大，为了减低地面压强，T-28还配备了4副履带。在运输时其外侧履带还可以拆掉，车宽就可以从4.5米左右降低到3.2米左右，这种设计有利于坦克在较窄的路面行驶。除此之外，T-28的侧裙装甲也能够在必要时拆除下来背负在车体后部。

## 尴尬难题

尽管T-28坦克被视为超重型坦克，不过也有人打趣称其为超重驱逐战车。由于受限于车体重量以及动力系统功率太小，T-28在越野和跨越障碍物等性能上，表现得不尽如人意。此外，还有人说，虽然"理论上"T-28可攀爬上60°的仰坡，但实际上它只能越过高0.6米左右的障碍物，通过深1.2米左右的壕沟或浅滩。除了上述，在它的渡桥能力方面还存在着一个令人啼笑皆非的现实问题，那就是它无桥可渡，因为当时的战场上实在没有桥梁足以承受它的重量。

> B1的火炮瞄准、发射和装弹由车长完成
> 加农炮发射仰角小,炮弹膛口速度高

# B1 重型坦克 >>>

**B1** 重型坦克是法国陆军在"二战"前开发,用于支援步兵作战的重型攻坚突破用坦克。事实上,早在 1921 年法国就已经开始了对此种类型坦克的研发。1940 年法国战败后,德军将缴获的 B1 坦克大部分作为二线战场的军用车和训练坦克,并将少数改装为自行火炮。由于自身诸多先进的特性,在德军中服役的 B1 坦克还曾获得古德里安的盛赞。

## 法国坦克发展简史

自从 1916 年索姆河战役中坦克出现后,各国纷纷投入大量人力、物力开发这种新型设备。在各国中,与猛虎德国为邻的法国显然是对坦克需求最为迫切的国家之一。如坐针毡的法国人未敢有丝毫懈怠,在随后的十几年间,他们制造了一系列独具法国特色的钢铁猛兽。仅仅是在"一战"结束前的短短几年里,法国人就研制了好几种坦克,并投入了实战使用。

1917 年 4 月 16 日,法国生产的第一批坦克——"谢耐德"坦克首次在战场露面。之后,"谢耐德"与法国另一种名为"圣夏蒙"的坦克共同组成了法国第一支坦克部队。但是在"一战"中,法国人的坦克在德军的

🎧 "夏尔"B1 坦克侧面图

炮火前损失惨重。为了适应战争需要,此后法国的坦克开始向体积小型化、规模大型化的方向发展。法国的雷诺汽车公司受命制造了大量此类小型坦克,其中以 1917 年首次亮相的"雷诺"系列轻型坦克最为著名。"雷诺"系列坦克被认为奠定了现代坦克发展趋势的四大特征:单个驾驶员在车体前部;主要武器在车体中部的单一炮塔内,炮塔置于车体顶部,并且可以 360° 旋转;车长有最高的全周视野;发动机后置,与乘员隔开。此外,"雷诺"主动轮后置,诱导轮前置的设计也被认为是其具有现代坦克特征的独特处之一。

## "夏尔"B1 坦克的问世

"一战"结束时,当时的法国陆军装备

### 兵器简史

到 1939 年二战爆发时,"夏尔"B1 系列坦克已经装备了法军的 4 个预备队装甲师。据资料统计,在法国投降之前,法国国内共生产了大约 403 辆"夏尔"B1 坦克。其中,B1 型 34 辆,B1-bis 型 369 辆。

"夏尔"B1坦克采用了隔舱化设计，内部由一个防火隔板分为两个主要舱室。车组乘员（包括车长/炮手，驾驶员/炮手，主炮装填手和机电员）位于前部隔舱内，而引擎、油箱和传动装置则位于后部隔舱，这种设计提高了车体乘员的生存能力。

**兵器解密**

的坦克除了一部分是英制的Mk-V型坦克，其余皆是法国自行生产的"雷诺"FT轻型坦克。鉴于战争需要，法国陆军总参谋部成立了一个负责本国坦克开发的专门委员会。结合"一战"的经验和教训，委员会制定了坦克研发方向并决定：用于突破敌军防线的"重型坦克"和满足多用途作战需要的"战斗坦克"，将成为法国坦克研发的主要对象。这个设想的提出，为"夏尔"B1系列坦克的诞生吹响了前奏。按照当时法国军部的要求，该型坦克全重将限于13吨左右，最大装甲厚度为25毫米，车体部分将安装一门用于支援步兵作战的75毫米火炮，在其活动炮塔上将会被安置2挺机枪。

## 技术特点

1929年初，B1坦克第一辆原型车完工。1930年5月，这辆原型车被交给法国陆军测试部队进行试验。此时，坦克全重已经达到25吨，最大装甲厚度为25毫米。其所采用的雷诺公司6缸发动机，最大功率约为132千瓦。正常行驶速度在28千米/小时左右，最大行驶速度约为45千米/小时。至1931年的10月，共有3辆B1原型车接受了测试。虽然法国军方对该款车型评价很高，但他们仍然对其提出了进一步的改进要求。包括最大装甲厚度要增加到40毫米以上；炮塔上的两挺机枪应更换为1门47毫米，可用于直瞄射击的加农

炮；另外还需增加无线电通讯设备和车内的联络装置。1935年，改进工作全部完成。

B1坦克全重最终定于28吨，除前装甲厚度按照要求增加至40毫米外，炮塔还采用了装甲厚度为40毫米的APX1型铸造炮塔，安装了一门SA34型47毫米短管加农炮以及1挺并列机枪。不过，就在B1刚刚投产之际，德国人不断扩军的消息传入了法国。德国的扩军压力促使法国军部又对坦克的装甲和发动机性能提出了更高要求。最终，经过了不断改进的B1坦克又衍生出了它的家族另一成员，"夏尔"B1-bis坦克。"夏尔"B1-bis型坦克全重32吨，拥有4名车组乘员，6缸雷诺发动机的最大功率已经超过220千瓦。其炮塔采用了更先进的APX4型，并装上了一门能够发射穿甲弹的SA35 L34型47毫米高速加农炮。

🔶 B1坦克正面图

> 1944年诺曼底登陆战中，Mk7首次参战
"丘吉尔"改装型戏称"霍巴特滑稽坦克"

# "丘吉尔"坦克 »»

"丘吉尔"坦克(即MK4步兵坦克)是英国在第二次世界大战中开发的步兵坦克。此款坦克以当时的英国首相温斯顿·丘吉尔的名字命名，它以其厚重的装甲以及众多衍生车种，成为"二战"时期英国陆军最重要的装甲战斗车辆。"丘吉尔"坦克的研发起源并非出于英军在"二战"中的需要，而是英军"一战"作战哲学持续发展带来的产物。

## 英制A20坦克

1939年夏，英国研制出了A20坦克，以取代原先的"马提尔达"2及"华伦泰"步兵坦克。这款新的坦克主要用来应对"一战"中常见的堑壕战，以及突破针对步兵的障碍物、打击敌方固定防御阵地和穿越地面充满火炮弹坑的战场等。1940年6月，装备了重火力武装并且具有高速行进能力的A20坦克的四辆样车正式出厂。然而随着号称当时欧洲陆军最强国家的法国投降，英军预想的"一战"时期那样的堑壕战并未出现。这

↑ 活跃在第二次世界大战场上的"丘吉尔"坦克

### 兵器简史

"丘吉尔"坦克在1942年突袭迪耶普的行动中首次参战，结果令人失望，但它良好的机动性却在北非的崎岖地形上表现得淋漓尽致。直到装备了一门6磅炮的Mk3型出现，"丘吉尔"才给自己正了名。在Mk3之后，"丘吉尔"又相继出现了Mk4、Mk6、Mk7等车型。

一战场形式的改变，促使负责A20生产的设计师修改了最初的设想，并根据波兰战役和法国战役的经验开发出了A22，即Mk-4步兵坦克。早期的A20原打算在车体两侧(即一般坦克的侧裙位置)各装一门QF2磅炮，以及在炮塔上安装第三门火炮。但到了A22即改为在炮塔上安装一门主炮，并把车体两侧的火炮改为安置于车头。

## 早期的不足

1940年5月底开始的敦刻尔克大撤退，使英军损失了大量军用车辆。再加上德军的快速进攻，这些因素促使英国军部下定决心生产A22。1940年7月A22的整体设计

"丘吉尔"坦克衍生出了各种变型车，而且都表现出色。这其中有皇家装甲工程车、"鳄鱼"喷火坦克、架桥坦克以及其他车辆等。作为一种经典的步兵坦克，虽然它速度缓慢，但装甲厚重，所以抗打击能力更强。最后一辆丘吉尔坦克在20世纪60年代前后退役。

兵器解密

❶ "丘吉尔"步兵坦克

完成，同年12月第一辆样车问世，1941年6月第一辆A22坦克被命名为"丘吉尔"坦克。由于没有进行实际测试，"丘吉尔"坦克的生产线在一片敦促声中匆匆上马。于是出现了这样的情况，一边是生产线上在紧锣密鼓地加工生产，另一边一些对"丘吉尔"测试过的报告也是质疑声不断。这些报告指出，"丘吉尔"坦克的引擎马力不足且不太可靠，还出现了一些机械故障，而且早期型武器火力不足，只一门2磅40毫米口径火炮。针对这些意见，丘吉尔坦克最终被在车头上加装了一门QF75毫米榴弹炮，用来发射高爆弹做火力支援。然而，就在1942年8月的第厄普突击战的第一次实战中，"丘吉尔"坦克就显示出了它可靠性上的不足。

## 战场上的表现

"丘吉尔"坦克在可靠性上存在的问题险些令英国军方改变主意，下令停产"丘吉

尔"坦克而改为全力生产新推出的"克伦威尔"巡航坦克。但是设计师们抓紧时机，又做了修改。1942年，装有QF 6磅炮（57毫米口径）及新型焊接炮塔的"丘吉尔"Mk 3诞生了。同年，在西非战场上的第二次阿拉曼战役中，英国军方授命坦克制造商生产了5辆"丘吉尔"Mk3坦克。结果，正是这5辆被称为"皇牌部队"的"丘吉尔"Mk3真正证明了"丘吉尔"坦克的实力。在这次战役中，面对德军反坦克炮的火力压制，"丘吉尔"Mk3只有一辆受损，其中的一辆更受到 以验证，英国军部这才放心将其派往随后的突尼斯战役及意大利攻防战等战场。突尼斯战役中，第48皇家坦克团的"丘吉尔"Mk3表现更为出色。其中一辆坦克甚至上演了一出以炮弹打中虎式坦克的炮塔和炮塔环中间位置，从而使虎式坦克炮塔被卡死而丧失战斗力的精彩好戏。如今，这辆被俘获的德军虎式"战利品"被存于英国巴温顿坦克博物馆中。

❶ "丘吉尔"坦克的侧面图

> T-34/85是T-34系列中产量最大者
> T-34/100是未投入批量生产的实验型号

**兵器知识**

# T-34 坦克 >>>

**苏**联于1940年到1958年生产的T-34中型坦克，其设计理念对后来的坦克发展产生了深远影响。1941年夏天，当T-34出现在苏德战场上时，其超出以往任何一种坦克的装甲厚度，令德国人大吃一惊。至1945年，T-34坦克已经取代了几乎所有生产中的苏联坦克。"二战"后，其还成为苏联势力范围内多数国家陆军的主要重型武器装备。

### ◄ 兵器简史 ►

T-34被认为是"二战"中火力、机动、防护三大性能最平衡的一代著名战车。同时，它还开创了坦克发展史上的几个先例。如采用大功率专用柴油机，开了坦克动力装置"柴油机化"的先河；使用大口径坦克炮；装甲的斜面设计，从而降低了坦克被炮弹击中的可能。

### 柯西金的提议

T-34坦克在"二战"期间称得上是当时一种比较先进的坦克。它不仅借鉴了苏联以往在坦克设计方面的经验，而且融合了当时其他各国先进的技术。T-34的设计者柯西金有着丰富的坦克设计经验，他曾先后设计出T-29车轮、履带两用战车。1937年，担任卡尔可夫地区柯明顿设计局总设计师的柯西金，被指派研发一种新型的中型战车，设计代号为A-20。这年11月，该款战车设计完成。A-20被视为是T-34坦克的前身，全重18吨，装备有45毫米炮，炮塔由25毫米厚的倾斜装甲构成。A-20的车轮、

履带两用式设计遭到柯西金的质疑，出于军队的实际应用和这种设计可能会增加生产的复杂度及车身重量的顾虑，柯西金向苏军当局建议发展纯履带式车型，设计编号被定为A-32（即后来的T-32）。柯西金的建议得以采纳，但是苏联军方并未取消轮型、履带两用式战车的研发计划。

### T-34坦克问世

1939年初，A-20和A-32在卡尔可夫制造完成。随后在苏军装甲总监处的建议下，T-32加强了火力和装甲，并简化了生产工序，最终成为T-34坦克。由于国际形势愈发紧张，1939年12月初，苏军当局通过了

🔺 T-34 坦克

🔊 T34 坦克在柏林的蒂尔加滕苏联纪念碑

尚未完成原型车的 T-34 的生产计划。1940年1月底，第一批 T-34 于柯明顿厂完成生产，型号为 T-34。2月初，两辆 T-34 在柯西金本人的监督下进行了长距离测试，并于当年夏天开始批量生产。T-34 坦克的长管型76毫米高初速炮和优良的装甲，使其较同一时期的各国坦克有了更多优势。比如其较宽的履带使得车体接地压力减小，因而具有较为优良的越野性能。另外由于设计上较为简单，也给战场维修带来了便利。可能是为了加快生产速度的缘故，T-34 在外形上显得不够精致。但是在其看上去更为粗糙的外表下，却蕴含着饱满而强大的战斗力。1940年，T-34 坦克进入了大规模生产阶段。到1941年6月苏德战争打响时，苏联已经生产了大约1200辆该款坦克。

## 战场表现

1941年6月22日，在位于今天白俄罗斯境内的格罗德诺附近的一场战斗中，T-34坦克初次登上战场。它的出现给德军带来极大震撼，德国装甲兵发现自己的主要坦克远远不是 T-34 的对手，只有少数大炮可击毁 T-34。这种强大的气势和冲击力，令德军士兵倍感压力。之后，随着战争进程推进，苏联战车工厂被迫东移，T-34 也改到乌拉山区的乌拉机械制造厂制造。在战场上，它不仅只充当坦克装甲车，还担负着其他职责，有着非常广泛的用途。比如充当修理车，也可以运输兵员或执行侦察任务。它迫使德军进入防守态势，一时名声大噪。1943年，改进型 T-34/85 问世。在库尔斯克战役后，正是这款车型组成了当时苏联的钢铁洪流，自东向西席卷德国边境。

## 主要特点

T-34 的装甲厚在18—65毫米，主武器原先设计为1门76.2毫米主炮，两挺7.62毫米机枪。1941年，T-34 改采用一门具有更长炮管和更高初速的长管型高初速炮。副武器中的两挺机枪也是威力大、初速高，其中一挺作为主炮侧的同轴机枪，另一挺则置于车身驾驶座的右方。T-34 坦克引擎功率为373千瓦，最大行驶速度为55千米/小

T-34 坦克侧面图

毫米主炮，使用空间狭小的双人炮塔。由于没有装填手，车长不得不担负起装填手的职责。这样一来明显分散了车长的指挥精力，因而大大降低了战斗效率。T-34/76 的最终定型过程中，还产生了几个子型号。其早期型号为 T-34/76 M1940，不过该型号的战车穿甲能力较后续几个型号差。T-34/76 M1941/42 是 T-34/76 的改良型号，它强化了装甲，升级后的主炮身管更长、威力更大。T-34/76 M1943 是 T-34/76 的最终型号，它除了有一个新型的六角形炮塔，还为车长和炮手各开了一个圆形舱盖。这与以前只有车长有一个舱盖的车型相比，是一个较大的不同。这种设计安排使炮塔的内部空间有所提升，提高了战斗效率。除此之外，该型号战车的炮塔设计也有所改进，车体和炮塔都增加了防护。由于它的两个圆形舱盖通常总是

时，能够在深达 1.37 米左右的河沟或浅滩行进。可通过高 0.75 米的障碍，越过宽 2.49 米的壕沟，其爬坡度达 30 度。T-34 有着源自美国人克里斯蒂发明的创新全轮独立悬吊的底盘悬吊系统，这个系统可以让坦克每个车轮独立随地形起伏，使坦克具备了极佳的越野能力和速度。关于这项发明还有一段故事，据说当时美军因为该型底盘系统的规格问题未能谈拢而没有采用坦克制造商的这一技术。但是苏联人看到这个消息后，很快将这项技术专利买了下来，并将其应用在自己的 T-34 坦克上。美国人没想到的是，正是这项技术使得苏联人的 T-34 系列坦克拥有了明显优于德军坦克的越野机动性和行驶性能，并在后期的东线战场上发挥了重要作用，令德国人的"虎"式和"豹"式坦克有所收敛，为盟军的最后胜利做出了极大贡献。

## T-34/76 坦克

在 T-34 系列坦克中，T-34/76 是其最基本的型号。该型号坦克安装了一门 76.2

战斗中伤痕累累的 T-34 坦克

兵器解密

T—34 坦有无与伦比的可靠性和适修性。它具有结构简单和易于修理的特点，其关键性部件能够在野战条件下随时进行更换。在库尔斯克战役中，很多被打坏的该款坦克在战场上就可以即时接受修理，并立即重返战场，这也成为其较之早期"虎"式更高一筹的优点之一。

并排打开，好似地面上的两个老鼠洞，因此还被德军士兵戏称为"米老鼠"。T—34/76曾是库尔斯克战役中的主要力量，它和自己的其他"战友"一起对抗德军的3号、4号以及最新式的"虎"式和"豹"式坦克。不过在面对"虎"式和"豹"式的战斗中，T—34/76也很快有些力不从心，战场上的需要随即导致了T—34/85坦克的出现。

## T—34/57 和 T—34/85

在T—34/85坦克之前，苏联还曾尝试在T—34/76基础上，研制出一种装备了57毫米长身管主炮，具有更强穿甲能力的专职反坦克型号，即苏联的T—34/57坦克。但是由于某些原因，以及57毫米长身管火炮使用寿命较低且制造成本较高等因素，该型号坦克在少量生产后停产，并且很快被后来居上的85毫米主炮的型号取代。1942年，德军的"虎"式坦克在战场上一展其虎胆雄威，令苏联军方不得不将主力坦克T—34的改装计划提上日程。随后，安装了85毫米坦克炮的T—34/85坦克问世。与前面介绍的T—34/76相比，T—34/85采用了重新设计的新型炮塔，极大增加了炮塔空间。此外，它还增加了装填手的位置，从而将车长从指挥、装填的双重任务中解放出来，提高了作战效率。由于T—34/85的炮塔增大不

少，德军也赠予了它"大脑袋T—34"的绰号。

## 主要缺陷

与德军坦克装甲车的先进技术型相比，苏联坦克的缺陷显而易见，缺少车际无线电联络设备就是其中一个比较大的缺憾。当时的苏联坦克，不像德军那样几乎每辆车都能够装备这种先进设备，通常是几辆T—34中只有一辆指挥坦克拥有无线电设备。这样一来，苏联坦克之间的协同作战效率被大大降低。而当坦克集群作战时，不仅使坦克的各种优异性能难以发挥，还使坦克在遭遇突发状况时的应变能力变差，也给坦克间的相互支持与援助增加了压力。正因如此，在东线战场上出现的那种由一辆性能并不怎样的3号坦克，击毁多辆T—34的战例也是屡见不鲜。到战争后期，随着苏联坦克无线电设备的改善，这一弱点才得以改观。

🔷 T—34 的钢铁身躯

兵器知识

> 南美目前仅巴拉圭仍装备"谢尔曼"
> "谢尔曼"坦克采用的是柴油发动机

# "谢尔曼"坦克 »

**M4** 中型坦克是"二战"时美国研发制造的坦克,通称"谢尔曼"或"雪曼"。这个名字是英军为它起的,来源于美国南北战争时期,北军名将威廉·特库赛·谢尔曼之名。虽然"谢尔曼"自身的作战性能较德军的"豹"式和"虎"1相去甚远,但生产数量巨大,因而在战争期间占据了数量上的优势。

## 规格不一

美国强大的工业生产力以及丰富的矿藏资源,为其生产数量庞大的军事武器提供了条件。20世纪初亨利·福特创立的现代工业基础——流水作业模式在美国境内普遍实行。这种全新的作业方式极大提高了生产效率,为工业上的细化和分工合作创造了契机,也为产品的规格化生产提供了可能。这一全新生产方式的推广,使得美国军工产业从中获益匪浅。以"二战"期间美国研发的"谢尔曼"坦克为例,虽然该款坦克

🔊 展馆中的"谢尔曼"坦克

### ◀━━ 兵器简史 ━━▶

"二战"时,太平洋战区的塞班岛、硫磺岛和冲绳岛等地的战役中,M4A2"谢尔曼"给了日军沉重打击,令日军闻风丧胆。在中印缅战区,"谢尔曼"的M4A4战车原是美国援英的装备,后来由中国驻印军接收。中国驻印军的M4A4被在炮塔上画了猫眼和猫须,同样将日军打得毫无还手之力。

的一系列车型在型号上统称为M4,但事实上其车身、引擎、炮塔、主炮、悬挂系统以及履带等主要组成部分,几乎是每种型号各有规格,所以"谢尔曼"坦克也被认为是一部多类形式的坦克。这也是其与前苏联、德国、英法等国家坦克的最大不同之处。比如前苏联的T-34系列、法国的"夏尔"B1系列坦克,它们的各种改进型战车或多或少都与原型车一脉相承。要么是采用相同底盘,要么是采用同一规格的引擎等,而"谢尔曼"系列坦克则与此不同。

## 研发历程

索姆河战役中坦克的表现不止给欧洲

1942 年 10 月第二次阿拉曼会战中，"谢尔曼"首次参战，使用单位为英国皇家陆军第 8 军团。1944 年，英军用其作为装甲部队的主力。曾在与德军虎式坦克交手中，令人印象较深的"萤火虫"坦克即由美军援助的 M4 和 M4A4 改装而成。

兵器解密

大陆各国带来了极大震撼，也给远在大西洋另一端的美国人留下了极为深刻的印象。几乎与法国和德国开始的时间一致，美国也步入了研制坦克的行列。早在谢尔曼坦克出现之前，美国就曾研发出了数种在坦克发展史上占有一席之地的装甲战车。20 世纪 30 年代中期，美国的岩石(罗克)岛兵工厂以"维克斯"6 吨轻型坦克为基础，研发出了 M2 轻型坦克。但是在"二战"前夕，随着战

⊙ M4 坦克外形

火的不断蔓延以及英法等国的轻型坦克在战场上一败涂地的现实，美国军方意识到类似 M2 的轻型坦克已经无法满足战争所需，他们开始在 M2 的基础上加紧研发 M3 型坦克。然而，"二战"初期，面对德军坦克的挑衅，M3 的弱势很快暴露无遗。这迫使美国陆军不得不研制出一种能够与德军坦克当面对抗的武器，M4"谢尔曼"坦克在这个危机时刻诞生了。

## 优势所在

M4"谢尔曼"坦克采用了与 M3 型相同的车身和悬挂系统，但有一点不同，其主炮安装在炮塔而非车身内。"谢尔曼"战车在应对不同地理环境中表现不俗，除了在公路或野地都能保持较高速度，在沙漠里，其橡胶履带也能自如应对糟糕的路况。即使是

在意大利的多山环境下，"谢尔曼"依然能够通过很多德国坦克所不能通过的地势。尽管"谢尔曼"在综合能力上来说，相较德国的"虎"式、"豹"式等存在较大差距，但是也相比"谢尔曼"易于生产的特点，德国坦克因为设计复杂而给其大量生产带来极大不便。这导致到"二战"结束，德国装甲主力 4 号和豹式坦克生产总量仅有 15000 辆左右；而同一时期的美国"谢尔曼""与前苏联的 T-34 总数则近 10 万辆。除了设计因素导致生产难度加大，"谢尔曼"身上的部分零件和组成部分的生产也较为简单，这都为美军随着战场需求而对战车随时进行升级改进提供了条件。或许这些因素也可用来解释，为什么有着各项性能皆优的坦克战车的德国最终仍然会战败了。

兵器
知识
> "梅卡瓦"坦克是将防护放在首位的特例
大多数国家都将火力放在坦克设计首位

# 坦克基本性能 >>>

坦克的性能主要指其火力、机动性和防护三大基本性能。火力大小取决于坦克所装备的主炮以及副武器，如机枪等武器；机动性能的优良与否则决定于坦克的发动机系统以及它的动力核心——引擎，另外坦克的悬吊系统也会对坦克的机动性产生影响，因此这个因素也会被考虑在内。说到防护，那自然是与坦克的装甲密切相关了。

🔘 火力体现坦克的威力大小和强弱

## 火 力

坦克的火力指的是坦克全部武器的威力，即其在战斗中摧毁和压制各种目标的能力。这些目标包括各种硬目标，如装甲车辆、堡垒等以及软目标，即敌军士兵等。坦克的火力威力由坦克炮的口径、弹丸威力、射击精度、首发命中率、直射距离和发射速度等因素所决定。通常它是通过坦克在最短的时间内、以最少的弹药消耗，来摧毁或压制各种目标的可能性来衡量的。弹药的种类、数量和质量决定弹药所发挥的威力大小。现代主战坦克的主要武器一般是105—125毫

米口径的线膛炮或滑膛炮，其所配用的弹药主要有空甲弹、破甲弹、榴弹和碎甲弹等弹种，弹药基数一般为40—60发。决定火力大小的因素，我们首先会想到的大概会是坦克所装备的武器自身，以及其所使用的弹药。但事实上，除了这两个因素，火控系统的效能也是影响坦克火力的一个重要原因。坦克的火控系统指控制坦克武器瞄准和发射的系统，良好的火控装置要求坦克的火控系统具备精准性、稳定性和快速捕捉目标、便于操作等特点。这有利于装甲兵缩短射击反应时间，提高首发命中率。现代坦克一般都可进行移动射击，从发现目标到射击的反应时间大约为3—4秒。

### ◀兵器简史▶

坦克火控系统在"一战"末期只配有简单的光学瞄准镜，用视距法测距；20世纪50年代的第二代坦克火控系统在增配了体视式或合像式测距仪和机械式弹道计算机；60年代初期的第三代出现机电模拟式弹道计算机，并增加了弹道修正传感器；现在的第四代则多了激光测距仪。

在坦克上有一种设备装置叫火炮稳定器，它由传感器和执行机构组成。火炮稳定器的主要作用是在运动中将火炮和机枪自动稳定在原来给定的方向和高低角度上，以保证火炮在发射时不受车体震动和转向的影响。

兵器解密

## 机动性

坦克的机动性是指坦克在各种条件下行驶的可能性和难易程度。简单地说，就是指坦克的移动能力，它包括坦克的速度、转向、一次加油后的最大行程等，这些都是衡量坦克机动性的重要因素。通常情况下，坦克的机动性主要取决于自身的战斗全重（指在有成员、炮弹和油料等情况下的坦克重量）、发动机功率以及传动、行动、操纵等装置的性能。衡量机动性的性能指标主要有吨功率、最大速度、越野速度、最大行程、加速性、平均单位压力、转向性、超越各种障碍的能力等。这其中吨功率指的是发动机额定功率与战斗全重之比。坦克的加速性是指坦克由静止状态达到最大速度的能力，通常坦克加速所用时间越短，其加速性越好。坦克的平均单位压力等于坦克战斗全重与两条履带着地时，所占面积之和的比。这一因素往往影响坦克在不同路面环境下的行进状况。

## 防护性

坦克的防护包括直接防护和间接防护两种，直接防护是靠坦克的装甲等进行防护，旨在使坦克被击中后不致被击毁，尽可能减小损害或不丧失战斗力。通常进行直接防护的最好办法是采用良好的装甲材料，或者用复合装甲以及隔仓结构等。与直接防护侧重于装甲材料的

选择不同，间接防护是从坦克形体设计上着手考虑的。为了使坦克这样的大家伙在战场上不易被敌人发现；一旦被发现，还要尽可能不被击中；即便不幸被击中，更要尽可能减小破坏，为此，坦克的设计者们在坦克的外形上下起了功夫。比如尽量减小坦克的外形尺寸，尽可实行伪装、隐蔽或规避等保护方式。但事实上，对坦克自身而言，仅仅依靠这样一种防护措施显然是远远不够的。所以，现代主战坦克都在坦克的火力、机动和防护三者上同时做文章。因为实际的战斗中，这三者是相互关联、相互制约的。加强火力时，一旦加大火炮的口径或是增加弹药基数，势必会增加坦克重量，从而降低坦克机动性；为增强防护，采用厚装甲，这也同样会影响坦克机动性。所以如何使坦克的三个性能达到平衡，也成为了摆在各国坦克专家们面前的难题。

装甲材料的好坏能体现坦克的防护性能强弱

**兵器知识**

> 坦克部队的行动特点：密集、快速、突然
> 轻型坦克是快速反应部队主战武器之一

# 坦克的任务 »»

坦克最初目的是为了在战场上压制敌方机枪火力，为身后步兵扫清道路，为争取更大战果创造条件。早期战术思想中，坦克被作为直接支援编队，用于和步兵以及骑兵协同作战。"一战"后，坦克装甲集群作战的思想开始形成。"二战"时期，大规模有组织密集使用坦克实施战略推进成为战场上常见的战术，体现了坦克战斗理念的转变。

## 早期坦克战斗角色

坦克的出现，使得"一战"战场上德国人坚不可摧的防御阵地彻底崩溃。在坦克的钢筋铁骨面前，轻武器的密集扫射、遍布的深沟战壕都变得虚弱无力，完全经不住坦克这只钢甲铁虫的横冲直撞。在康布雷和亚眠等战役中，坦克作为担任支援或引导步兵实施突破的主要角色，成功完成了自己的任务，成为战场上又一种令人胆寒的新式武器。这一时期的坦克，因为其自身战术技术性能的发展远远不够完善，因而只能作为步兵的附属出现在战场上。有资料显示，当时大多数的坦克最大时速仅有几千米，最大行程也只有几十千米，这样的表现显然离适应快速机动和实施远距离攻击作战的需要差得太远。所以坦克在当时没能形成一个独立的战斗兵种，似乎也不足为奇。

## "坦克战术"的理念之争

1916年的索姆河战役后，一场关于"坦克运用战术"的争论也随后展开。军事技术的不断进步为军事理论的创新与发展注入了动力，"一战"后，英、法、德等国一些年轻军官，在系统总结过去战争经验的基础上，果断地放弃了将坦克主要用于协助步兵作战的思想。在经过认真研究和深入分析后，他们大胆提出了以坦克、装甲车组成强大的突击集群，集中力量对敌方实施快速、猛烈

早期坦克只能作为步兵的附属在战场上出现

目前，大部分发达国家坦克部队的主要组织形式是坦克营。美国的坦克营包括营部和5个连（营部连和4个坦克连），坦克营通常在旅编制中的第一或第二梯队中行动，在主要方向上而很少在次要方向上采取行动，有时也作为预备队或编入掩护部队。

兵器解密

打击，突破对方防线进入纵深，以取得决定性战果的思想。这种战术理念的产生，极大改变了坦克在战场上的角色命运，为日后各国大力发展坦克装甲部队提供了理论基础。独立的坦克部队、大型坦克机械化兵团与军团建设与扩充应运而生。"二战"初期，德国利用坦克装甲作为地面突击主力，航空兵协同发起的"闪电战"，打得欧洲各国以及强大的苏联措手不及。经过"二战"炮火的锤炼，终于使坦克部队成为陆军独立的、最重要的组成部分，成为其主要的突击和机动力量。

🔺 坦克主要的任务就是向敌方发起进攻

## 局部战争中的任务

在局部战争的实际作战中，坦克主要在进行突击战斗时（包括进攻和防御）集中使用。局部战争指的是在一定地区内，使用一定武装力量进行的有限目的的战争。"二

### 兵器简史

局部战争通常在战争目标、武器使用、参战兵力和作战地区等方面都有所限制。这种情况下，坦克的机动性得以较大程度发挥。坦克装甲组织，在不需要与友邻进行较为密切的活力联系时，都可以获得较大的自主行动机会。

战"后一些大规模局部战争中，坦克还用于阵地和机动防御。这种情况下，除了坦克，武装直升机、突击飞机、炮兵和防空武器的大力支援对于坦克的进攻和防御作战也是必不可少的。现在，根据战争冲突性质的不同，今天坦克的任务主要包括：第一，对非机械化步兵和空降兵分队提供直接支援，必要时直接支援内卫部队和地方部队（这一般在维和行动和反游击作战中较多见）。与此同时，它们担负着大火力支援武器的作用。第二，在快速反应部队消除局部外来威胁或境外行动中，作为机动诸兵种合成分队和部队的重型武器和突击力量使用。第三，与机械化步兵（步兵战车）协作，充当具有良好防护性和机动性的通用火器角色。第四，在大规模战争中或局部冲突的最后阶段，担负使战局发生决定性转折、打击并最终消灭敌人的任务。

> 均质装甲可分为轧制装甲和铸造装甲
> 装甲抗弹性包括可修复性和寿命两方面

# 坦克的防护 》》》

坦克的防护性能是指保护车内人员、武器弹药、机件、设备、器材等免受敌方炮弹杀伤和破坏的能力。坦克的防护包括直接防护，即主要依靠坦克的装甲壳体等保护自身；间接防护，即想尽办法躲开袭击和杀伤。现代坦克还试图通过火力、机动性和防护三个主要性能相互影响，增强坦克防护能力。随着科技进步，坦克的自我保护也是花样百出。

🔅 装甲车的材料硬度决定坦克抗弹穿透力强弱

克的抗打击能力，各国武器专家在改善坦克的直接防护能力上花了不少心思，如改善钢装甲的材质。在现代的战争中，仅仅依靠均质钢装防护已经远不能保证坦克的作战能力。均质装甲指钢的化学成分、金属特性和机械性能等在装甲截面上基本一致的装甲。均质装甲按其硬度的不同，分为高硬度装甲、中硬度装甲和低硬度装甲。硬度在很大程度上决定着装甲的抗弹穿透能力，高硬度装甲主要用于抵抗轻武器，如机枪等武器枪弹的薄装甲；中、低硬度装甲主要用于抵抗如反坦克炮等武器炮弹的中、厚装甲。

## 钢甲外壳

采用良好的装甲材料或复合装甲以及隔仓结构等进行自我保护，都属于坦克的直接防护手段。但是在现代战争中，随着反坦克武器的发展，出现了诸如穿甲弹、破甲弹和碎甲弹等新型弹种。这些弹种给坦克传统的钢铁盔甲带来了很大威胁，为了加强坦

## 复合装甲

坦克的均质装甲厚度，一般不超过250

毫米。但是,弹头直径为 100 毫米的空心装药反坦克导弹,则可穿透厚达550毫米的钢装甲。但是如果为了提高坦克的防护性,一味加厚装甲,势必增加坦克重量,影响坦克的机动性。且随着均质装甲厚度的增加,其对穿甲弹等的核辐射的能力却并未成比例增加。人们为了加强对坦克的防护,研制了夹层和多

不同的装甲材料对坦克重量有不同影响

层复合装甲。现在坦克的正面防护用装甲已趋向装甲结构,复合厚板用作坦克车体,薄板用作屏蔽和护板。坦克上采用的金属与非金属复合装甲,主要有以下两种:一种是金属与非金属的夹层结构。其外层和里层都是用普通的钢装甲,中间层由玻璃钢(或陶瓷、或金属陶瓷、或碳纤维)制成的。另一种是钢、陶瓷、铝的夹层结构,这种材料制成的坦克正面防护的垂直厚度能达到200 毫米以上。上述两种复合装甲的抗弹性能,都比均质装甲的高得多。后一种用于正面防护的复合装甲的抗破甲弹水平,相当于 500 毫米左右的均质装甲。

**兵器简史**

坦克的生存能力不完全等同于它的防护能力,正如"最好的防御就是进攻"这个说法。所以,坦克发展史上不少国家在加强坦克装甲厚度的同时,也在想方设法试图提高坦克自身的进攻能力,意图在这两点上达到二者兼顾的平衡状态。

## 复合装甲的特点

复合装甲具有优良的抗弹性能。通常,金属和非金属复合装甲的抗弹性取决于材质的选择、装甲结构的配置和利用大倾角,三者密切相关。制作复合装甲的材料是根据穿、破甲弹对靶板侵彻的机理和材料在动态下的性能来选择的,同时要顾及装甲重量、厚度和使用的重复性。面板宜用中硬度且具有良好径向延伸率的钢;中间夹层利用陶瓷和玻璃钢材料,以充分发挥其动态下的性能,满足弹性——塑性排列形式;背板应该有一定韧性和适当的强度或是采用双硬度金属复合装甲(表面为高强度)。装甲结构的配置,应采用薄面板——厚背板结构。这样,面板和非金属夹层可分散或消耗来袭炮弹的入射能量,使弹丸破坏和耗损,降低对装甲的损耗。复合装甲能抗多种弹,甚至能抗大口径的反坦克导弹。一般金属与非金属装甲比均质装甲抗弹性能高 1—2 倍,

坦克遇到的核辐射和放射性污染对人体有害

特别是它具有均质装甲所没有的防破甲弹和碎甲弹的良好作用。例如：用氧化铝、铝合金、高强度钢制成的复合装甲抗100毫米空心装药的能力，是同重量均质钢装甲的3倍，从而可以减轻坦克的重量，提高坦克的机动性。

## 核辐射防护

现代战争中核武器的杀伤力也构成了对坦克的极大危害，促使坦克在这方面的防御能力不断改进。核武器爆炸产生的光辐射、冲击波、早期核辐射和放射性污染，对物体和人都有破坏和杀伤作用。核辐射防护包括了光辐射防护、冲击波防护、早期核辐射防护、对核辐射污染的防护以及对中子弹的防护等。自当类似光辐射、冲击波、中子流等早期核辐射的有效途径，还主要依赖于坦克装甲自身。另外，增强坦克的密闭性也能够减少冲击波对人体的伤害；在坦克上加装20毫米厚的塑料蹭迷板，还可有效减少中子辐射带来的危害。

## 抵御生化武器

装有细菌战剂的炸弹、炮弹、导弹弹头或其他施放容器，称为生物武器。细菌战剂的液体或固体微粒悬浮在空气中所形成的雾或烟，称为细菌战剂气溶胶。在战场上，敌方可能会用飞机喷洒或用细菌弹爆炸的方式来散播这种气溶胶，或用火炮、导弹等投掷或发射细菌弹，用飞机投放带细菌战剂的昆虫、动物和杂物等来杀伤人和牲畜。由于带菌的昆虫、动物不容易进入坦克车内，所以不会对车内的乘员构成威胁。但是，细菌能够随着空气进入车内。为了尽可能地消除细菌对人体的伤害，坦克内的乘员只需事先及时关闭门窗，同时打开空气过滤装置等，就可以进行有效的防御。

装有化学毒剂的炮弹、炸弹、地雷和毒烟罐等，称为化学武器。这些化学物质通常被分别装在相互隔离的密封室内，只在弹药发射过程中才相互混合生成致命的毒剂。在坦克上涂上低红外反射的脂族聚氨酯面漆和氧底漆，可防御化学毒剂。或者在坦克上涂一种无光泽脂族聚氨酯底漆，这种物质基本不吸收毒剂，并且具有耐热和耐寒的特性，坦克装有防护性密封里和空气过滤装置，尤其能有效地阻止外界有毒空气进入车内，以避免伤害乘员。

## 三防系统

坦克的三防系统最早出现于20世纪50年代后期，60年代以来为大多数主战坦克所采用。一般包括关闭机构、密封装置、空气过滤装置、防毒衣具、探测报警仪器和增压空气调节装置等。关闭机构用来自动关闭瞄准镜孔和通风口等，以防止冲击波对乘员的伤害。密封装置是指对车体和炮塔的门窗缝隙加装的橡胶密封件、防水胶垫密封装置，对旋转部位所采用的充气密封环密

装甲上弹坑周围的金属损伤越小，装甲的可修复性就越高；寿命是指装甲经受多次打击而不破坏的能力。钢装甲的低温性能实质上是评定装甲钢强度和韧性的综合指标，装甲的高硬度则能使弹丸变形、破碎或反跳，减弱弹丸的穿甲能力。

兵器解密

封。空气过滤装置一般由粗滤清器、除尘器、活性炭滤毒罐和温度控制系统等组成。其工作过程分以下步骤：由风扇吸进了车内的空气，先经过粗滤清器滤去灰尘、砂子和粗大的微粒，再经除尘器去掉细小的微粒、细菌和放射性微粒，然后经滤毒罐除掉有害的化学毒剂，滤清的空气通过温度控制系统按乘员的要求加温或降温，最后经金属软管供乘员使用。坦克内成员的防毒衣具包括防护衣、防毒面具、防护手套和鞋套等探测报警仪器用以探测车外毒剂和放射性污染的剂量，适时发出报警信号。为提高防核辐射，特别是防中子的能力，有的坦克在乘员室装甲内壁衬有防护层，或在复合装甲中加入防辐射材料。

## 间接防护

所谓的三防设备旨在使坦克被击中后不致被击毁，尽可能减小损害或不丧失战斗力。但是这些仍然都只属于直接防护手段层面，在间接防护方面，包括降低车高，改善车形，利用遮障和烟幕进行隐蔽和伪装，构筑工事实行掩蔽，针对反坦克导弹的弱点进行规避运动，实施诸兵种协同作战，实行有效的扫雷和防雷，以及在坦克上安装主动防护装置等。坦克上对乘员、油料和弹药实行隔仓布置，也是进行防护的有效手段之一，弹药一旦被击中爆炸，其能量可由活动甲板释放出来，车内的乘员可免受伤害。将弹丸和药筒分置，乘员在弹药的上边，燃油箱置于驾驶员的座位两侧，也减少了由于油箱中弹起火引起弹药爆炸的机会。

将坦克伪装起来可以减少坦克及其乘员的伤亡

兵器知识 > **主战坦克平均公路时速为40—50千米**
**现代坦克最大行程通常在300—550千米**

# 坦克的评定指标 >>>

评 定坦克机动性的系统包含了几个方面的指标，都是从不同角度来反映坦克的机动性的。这些指标按其性质分为四类，即有关坦克发动机的指标，坦克的快速指标，坦克的通过性指标和影响坦克机动性的其他指标。前述指标并非相互孤立存在，它们之间也存在相互影响的关系，只有各项指标都比较均衡时，一辆坦克才具有了良好的机动性。

🎧 坦克的机动系统是评定坦克机动性的主要考察对象

### 有关发动机的指标

发动机是任何一部依靠能源作为动力的机器最核心的部位，坦克也不例外。坦克发动机的几项衡量指标包括了发动机的功率、燃油比耗油率、机油消耗率、发动机的适应性、地区适应性等5项内容。相同功率的发动机装在不同重量的坦克上，会产生不同的工作效率。而重量轻的坦克显然会比

重量重的坦克跑得快，这是因为发动机对重量轻的坦克提供的能量相对较大。然而，不同功率的发动机装在相同重量的坦克上，坦克的机动性就不能那么轻易对比出来了。所以，发动机功率的大小并不足以说明坦克机动性的好坏。鉴于此，人们选择用吨功率（或单位功率）来表示坦克所具备的动力的大小，即发动机功率/坦克战斗全重。这个值大，表示的坦克的动力大，机动性好。两个相同功率的发动机，在相同燃油储备的情况下，其燃油比耗油率越大，坦克行驶里程数将越少。这将导致坦克的活动范围减小，持续作战的时间下降，因而机动性差。坦克机油消耗率数值越大，维护、保养的次数越多，越影响坦克的机动性。

### 坦克的适应性

当坦克在路面上行驶时，由于路面状况

同样不断变化,这就对坦克提出了另一个要求:即要求坦克发动机在油门供油量大小的情况下,对坦克行驶速度和路面阻力的变化具有一定适应性。发动机的适应性通常用两个指标来表述,一个是在油门全开的情况下,发动机的稳定工作范围。这个指标一般用发动机最大功率下的转速与最大扭矩下的转速的比值来表示。比值越大,表明发动机允许坦克速度的变化范围越大,也即坦克对路面状况的适应性越强。对一般坦克柴油机来说,这个比值为1.5—2.75。这另外一个指标指的是在油门全开的情况下,发动机的扭矩变化范围,其大小用发动机的适应性系数K来表示。K值越大,表明发动机使坦克在外界阻力增加、变速箱不换档的条件下,克服地面阻力、继续运动的能力越强。

发动机的地区适应性指坦克发动机在各种气候环境条件下的工作能力。由于坦克经常南征北战,在各种差异很大的地域里奔袭作战,气候的极端变化对坦克发动机提出了更高要求。"二战"时期的东线战场上,正是由于苏联境内的严寒,令德军坦克威力顿失。正因为如此,所以只有地区适应性良好的发动机,才能满足坦克战役和战术机动性的要求。

## 坦克的"心脏"

机动性是坦克的重要性能之一,衡量坦克机动性的各项指标也是坦克评定系统里的重要组成部分。由于机动性对坦克的生存能力和进攻能力影响很大,而发动机功率大小是决定坦克机动性的重要因素。因此,提高坦克机动性的主要途径之一,即提高坦克发动机的功率,就成为人们关注的重点目标。汽油发动机和柴油发动机是传统坦克中普及使用的两种类型动力核心,随着现代

🔊 坦克在战场上的速度越高说明它的机动性能越好

克服天然和人工障碍的能力是衡量坦克通过性的重要指标

力,即坦克的转向性。坦克的可操纵性主要从坦克驾驶员用来控制坦克的动力、传动和其他机构动作的装置是否准确可靠,使用是否灵便、省力等方面来衡量的。制动性指坦克在各种路面上达到最大速度时能迅速停车的能力。目前坦克的设计也越来越人性化,这一点在乘员的舒适性改进上表现得最为显著。

科学技术的发展,更经济的电动推进系统技术也在逐步融入到最新的坦克研发中。此外,静液压机械传动和电传动装置也都成为未来坦克传动装置的发展方向。

## 坦克的快速性

坦克的快速性集中反映在坦克行驶的平均速度上。平均速度指的是坦克在战斗全重状态下,在规定路面上行驶的里程和所用时间之比。平均速度越高的坦克,其机动性越好。影响平均速度的因素有最大速度、加速性、转向性、可操纵性、制动性、乘员舒适性和通过性等。最大速度指坦克在战斗全重状态下,在路面状况较好情况下所达到的最大速度。最大速度的优势在坦克进行疾行突击作战、追击逃敌时,体现得最为明显。最初提倡增加坦克加速性的目的之一,是为了减少坦克被敌人炮火命中的机会。对此,除选择加速性能良好的发动机外,根本的措施是提高坦克的吨功率。坦克在不同路面上,沿各种曲率半径进行转向的能

## 坦克的通过性指标

坦克的通过性所指的是坦克克服天然和人工障碍的能力,衡量指标主要有平均单位压力、最大爬坡度、最大侧倾坡度、越壕宽、过垂直壁高、车底距地高和涉水深等。平均单位压力指坦克履带接地面积除坦克战斗全重所得的数值。平均单位压力越低,坦克通过松软地面,如沼泽、雪地、泥泞地、水稻田等的能力越好。名为平均,实际上坦克在履带着地长度上的实际压力并非"平均"分布,而有很大差异。据测量,坦克负重轮中心位置下的压力约为平均单位压力的2.5—3倍。最大爬坡度指坦克在战斗全重状态下,在规定路面上,不利用坦克惯性所能克服的最大纵向坡道角,现在坦克能攀爬的最大坡度在

◄──── 兵器简史 ────►

在具体评定某一坦克的机动性时,要结合该坦克的使用环境、条件及所用战术等因素来进行综合分析。德国的虎式坦克在设计之初,曾因注重火力和装甲优势而牺牲了坦克自身的机动性。这种牺牲换来了虎式的厚装甲、大口径火炮等优势,而这些优势则使虎式有了更大威力。

兵器解密

20世纪60年代，西德研制的豹Ⅰ坦克平均单位压力大于法国研制的AMX－30坦克。但由于豹Ⅰ每侧布置了7个窄间距的重轮，而AMX－30每侧只有5个宽间距负重轮，豹Ⅰ平均最大压力小于AMX－30，所以，豹Ⅰ在松软地面的通行性能并不比AMX－30坦克差。

30°—35°。最大侧倾坡度指坦克在横向坡道上能稳定行驶的最大倾斜坡度角。所谓稳定行驶是坦克在此侧倾坡上直线行驶时，侧滑不超过一定限度，或不至于令内部乘员对其失去操控，现代坦克能通过的最大侧倾坡度为25°—30°。越壕宽指坦克在以尽可能低的速度均匀行驶时，所能跨越的水平面上壕沟的最大宽度。现代坦克如果不借助辅助器材，其越壕宽度一般在2.5—3.1米范围内。过垂直壁高指坦克所能攀登的水平地面上坚实的垂直墙的高度，垂直壁包括田埂、坡坎、岩石、断壁残垣、台阶等通行过程中的障碍物。坦克通过垂直壁的高度取决于坦克前轮的中心高，并和坦克与地面的附着力有关，现代坦克越垂直壁的高度为0.7—1.1米。车底距地高指坦克在战斗全重下，停于水平坚实地面，车体基本平面到地面的距离。它最能体现坦克克服突出于地面的各种障碍物的能力，如通过纵向埂坎、岩层、大石块、树桩等。涉水深指坦克不利用任何辅助设备或器材能涉渡的水深。坦克涉水深度一方面取决于河沟底部地面的质量，另一方面还取决于坦克的门窗和进排气系统受水流影响

的状况，现代坦克能涉的水深约为1.1—1.4米。

## 其他因素

影响坦克机动性的其他指标有坦克的最大行程、三方设备等。最大行程指坦克一次加足油料，在规定路面上所能行驶的最大距离。坦克的行程越大，表明它有较大的作战范围，或者说其持续战斗力或扩大战果的能力大。三防设备中的观测通讯器材是坦克在原子、化学、生物战争条件下，实现战场机动的必要条件。具有良好的观察仪器、通讯器材及导航设备，也能最大程度发挥坦克驾驶员的主观能动作用，从而有助于提高坦克的机动性。除此之外，坦克的可靠性及其维修方便性对坦克的机动性也会产生影响。

坦克的行程越大，则其机动范围越大。

兵器知识

> 油门操纵装置也就是高压泵操纵装置
59式坦克有空气和电两种起动方式

# 坦克的操纵装置 >>>

就像驾驶汽车，良好的操作系统能够让驾驶员轻松享受到驾车乐趣。作为战场上的重型武器，坦克同样需要人来操纵，但驾驭坦克完全不像驾驶普通车辆那般随心所欲。然而，对于一名出色的坦克手而言，这也未必会成为难题。只要你能正确利用和控制坦克上各种操纵装置，准确按照动作要求去做，坦克这样的钢铁爬虫也同样会服从你的指挥。

## 操纵装置简述

坦克的操纵装置就是利用和控制坦克的动力装置和传动装置，来实现坦克的起步、停车、增速、减速、转向等各种战术使用要求的各种设备，这也是操纵装置的主要任务。操纵装置越可靠、越灵敏、越便于人手掌控，则越能充分发挥坦克自身的动力和传动装置的作用，减轻乘员的疲劳，使其最大程度地发挥人的主观能动性，增加坦克的机动性。坦克的主要操纵装置包括了主离合器踏板、变速杆、转向操纵杆和制动踏板等；其他操纵机构，如机枪射击，坦克、排气百叶窗的开、关，水陆坦克水上行驶时各机构的操纵等。由于坦克驾驶员操纵的机件设备多，动作复杂且非常费劲，再加上坦克上

🎧 坦克行动、增速、减速、转向都由操纵装置控制。

较为恶劣的工作环境,所以提高坦克操纵的方便性,提高坦克操纵装置设计上的人性化程度,不仅可以减轻驾驶员的劳动强度,增强驾驶员的工作舒适度,更可由此极大提高坦克的机动性。

凸轮是机械的操纵系统

## 操纵装置的类型

坦克同样是一种构造复杂、功能繁多的庞大机器,仅仅是它的基本操纵装置就包括了机械操纵装置、液压机操纵装置、气压操纵装置、电——液、电——气式操纵装置等几个类型。这些操纵装置类型都是随着坦克技术的不断发展而产生的,也各有千秋,各有优劣。机械操纵装置指用机械元件,如拉杆、杠杆、凸轮、弹簧等组成的操纵装置。液压机操纵装置指正常情况下用液压能来完成操纵动作,当液压系统有故障时能立即转为机械式操纵的装置。气压操纵装置指用气压能来完成操纵动作的操纵装置。电——液、电——气式操纵装置指用电讯号控制液压能或气压能来完成操纵动作的操纵装置。每当一种新式坦克出现时,在设计之初坦克设计师们就会考虑到底该采用哪种操纵装置这个重要问题。战争武器的研发往往紧随社会科技前进的脚步,所以武器上的种种设备通常也都走在时代科技的前沿。设计人员会根据当时社会技术的发展状况来判断其所设计的坦克适合哪一种操纵类型,那些最新的科学技术通常也会最先吸引他们的目光。但是,未必每一个设计者都会随波逐流,轻易就做出了决定。因为一旦设计好的战争武器被派上战场,那将会对自己国家的命运产生巨大的影响。所以,各个国家在设计坦克时往往也会根据各国自己的实际情况来做选择。

## 选择操纵装置类型

每个国家的实际情况各有不同,除了军队人员技术素质的因素,坦克动力、传动装置的型式及其在坦克上的布置,坦克上用于操纵装置的能源,如液、气等能源资源的情况,而且还取决于每个国家选用传动的习惯。所以,从综合考量上来看,这并不是坦克设计师一人所能决定,往往可能会牵涉很多因素。两次世界大战期间,参战各国对本国的坦克发展都提出了不同的要求和目标。如德国和美国都曾一度热衷于重型坦克的研发,德国出现了鼠式、美国出现了T-28等庞然大物。而法国则一度倾情于轻型坦克,并且研制出了极具代表性的体积小巧的雷诺 UE 坦克。这两种坦克在外形体积上的表象特征,显而易见的有着巨大差异,必然在内部的各种操纵装置上有着显著体现。另外,多种的操纵装置有时也会同时出现在同一种型号坦克身上,即坦克中的一些机构可能采用机械操纵装置,另一些机构则用液压或气压操纵装置等等,这些都是根据具体情况决定的。

> **兵器简史**
>
> 20世纪60年代后期,59式坦克处于在我国部队普遍服役期。当时的59式坦克采用的传动装置和操纵装置均为机械式,这与当时世界其他国家坦克的发展趋势落后一大截。为了赶超世界先进坦克的技术水平,有关部门在1970年提出了"122"坦克计划,并制订了液力传动、液压操纵和液压空气悬挂的"三液"技术要求。

⊙ 驾驶员统管整个坦克的大局,要有很高的素质。

## 驾驶员的操纵装置

坦克上的驾驶员相当于轮船上的舵手,掌握着坦克的前进方向,把握大局。坦克装甲车专门为驾驶员设计了独立的操纵装置,主要包括油门操纵装置、主离合器操纵装置、变速操纵装置、转向操纵装置等。这些操纵装置有的是机械操纵装置,有的是手动和机械合二为一的。但是无论具体的操纵装置是这二者的哪种类型,要想使自己的坦克在战场上发挥最大的潜能,出色的完成作战任务,那么一个反应迅速、处变不惊的驾驶员则是必不可缺的。

## 油门操纵装置

油门操纵装置是驾驶员用来控制发动机燃油量的装置。它包括手油门(或称固定油门)和脚控制的油门。当踏下加油踏板或用手向下扳动手加油杆时,纵拉杆向前,带动加油拉杆,使加油拉臂转动,操纵发动机的高压柴油泵加油齿杆移动,使供油量增加。松开加油踏板或手加油杆时,回位弹簧

会使加油齿杆向相反方向移动,继而使供油量减少,达到减速或刹车等目的。手油门用来供给发动机固定油量,一般用在发动机起动后加温或坦克使用后停车前降温,或发动机工作,停车检查各部件的工作情况之际。在操纵手油门加油杆时,也需推动加油脚踏板,而操纵加油脚踏板时,手油门的加油杆不动。如何正确采取这些措施,都是需要根据具体的情况决定的。

## 主离合器操纵装置

主离合器操纵装置是在发动机起动或变速箱换档时,用来使主离合器分离,以切断发动机与变速箱的联系,从而可减小发动机的起动阻力和换档时变速箱齿轮撞击的装置。坦克驾驶员踏下主离合器踏板时,会带动空心轴转动,空心轴通过主离合器拉臂、纵拉杆、横轴和短拉臂等连动装置,带动主离合器的活动盘拉臂向前转动,从而使主离合器分离。踏板一旦踏到底,主离合器将完全分离。在空心轴转动的同时,它又带动钩板从而拉伸助力弹簧。当助力弹簧中心线越过空心轴的轴线后,助力弹簧收缩,对驾驶员起到助力作用。当人松开踏板时,依靠主离合器内部弹簧的伸长,操纵装置将又复回原位,主离合器由分离状态而重新转为结合状态。

## 变速操纵装置

变速操纵装置指驾驶员用来操纵变速箱,使变速箱处于挂挡、空挡和倒挡等不同工作状态的操纵机构。变速操纵装置一般有两种工作状态:空挡状态和挂挡状态。空挡状态指的是变速杆处于挡位板中间位置的状况。此时,变速箱的挂挡齿轮处于中间位置,发动机的动力不能通过变速箱而传到

美国陆战之王，M1A1"艾布拉姆斯"主战坦克的制动器为多片摩擦式，工作制动时用液压操纵，紧急制动时用机械操纵。驾驶员使用"T"形操纵杆驾驶车辆，杆上装有油门控制装置和自动变速箱控制装置及车内通话装置。在关窗驾驶时，驾驶员半仰卧操纵坦克。

左、右转向机。当需要变速装置处于挂挡状态时，驾驶员通常会先握紧闭锁器握把，然后使变速杆在挡位板横格槽内移动。当他根据路面选定挡位后，他会使变速杆对准挡位板上直槽两端挡位的刻字Ⅱ－倒，或Ⅱ－Ⅲ或Ⅳ－Ⅴ，再将变速杆对准要换挡的挡位板直槽字号方向推入。此时传动杆将带动纵拉杆，经垂直轴、横拉杆带动拉臂使变速箱挂上所需的挡位。退挡时，只需握紧握把，将变速杆退到挡位板的中间位置即可。

## 转向操纵装置

转向操纵装置指驾驶员用来操纵转向机构，以实现坦克的转向、停车、减速加力等战术使用要求的操纵装置，包括手操纵和脚操纵两套装置。当坦克驾驶员进行转向操纵时，他将先用手操纵装置。当驾驶员不操纵操纵杆时，纵拉杆处于最前原始位置，即原位。转向时，如需向左转，则拉左操纵杆到中间位，即第一位置。此时，通过转向机左前方的纵拉杆、左右纵拉杆将会使调度板转动，逐渐使左转向机的闭锁离合器分离，从而使小制动带制动。左转向机减速传递动力，将带动坦克以大半径转向，即通常所说的以第二规定半径转向。如继续将操纵杆拉到底时，调度板继续转动。此时，闭锁离合器继续分离，小制动带松开，大制动鼓的制动带制动，切断了发动机动力向左侧减速器传递，左边履带速度为零，坦克以小半径向左转向，也就是以第一规定半径转向。同时，如需坦克向右转向时，则拉动右操纵杆至第一或第二位置。如果同时拉动左、右操纵杆至第一位置，则会起到减速加力作用。如果同时拉动左、右操纵杆至第一位置，则起减速加力作用，通常在运动大的情况下停车或通过局部困难路面时使用；如同时继续将左、右操纵杆拉至第二位置时，则坦克停车。

🔊 坦克的转向操纵装置由坦克驾驶员来操作

兵器知识 > “豹”2采用了静液动液复合式转向机构
有高速倒挡的坦克更宜在丘陵地区作战

# 坦克的传动装置 》》》

坦克作为战斗车辆,其所行进的路面变化多端而且往往地形复杂。在硝烟弥漫的战场上,没有既定的轨道能让坦克像火车那样缓慢行驶,也没有笔直宽阔的公路让坦克像汽车那样飞驰而过。头顶着密集而来的炮火,在隆隆轰鸣中,坦克昂首迈过了一道道沟壑土丘、残垣断壁、水渠田垄,而助其跨越无数障碍的,正是它强劲有力的传动装置。

## 发动机的“动脉”

面对无数需要跨越的地面障碍,仅仅依靠坦克自身的发动机并不足以克服这些实际困难。如何将发动机发出的动力尽可能高效地作用到坦克的整个工作设备中,以尽可能少的损耗完成坦克担负的任务,就成为坦克研发者们要解决的实际问题。于是,一种为了应对这种变化很大的地面阻力,而在坦克的发动机之后,加配一套增力变速机构,以扩大发动机输出牵引力的变化范围和转速变化范围的装置,即坦克传动装置,由此应运而生。坦克传动装置安置在发动机与履带推进装置之间,有人将其比喻为坦克的“动脉”,这个比喻可谓恰到好处。传动装置将坦克的“心脏”——发动机的动力,按照传动路线传给

主动轮,使坦克能够自如前进、逆向行驶、转向、制动和停车。在发动机扭矩、转速不变时,只需增大主动轮的扭矩和转速的变化范围,就可改变坦克运动时的牵引力。

## 传动装置的作用

每一种坦克,要想能够将其发动机功率发挥到最好,能够最大程度地利用发动机的输出功率,使坦克获得良好的机动性,那么,这辆坦克则必须得拥有一套优秀的传动装

⬆ 坦克靠自身的能力克服路面上的障碍

**兵器简史**

液压传动装置在西方主战坦克中较为多见,这类传动装置就是在发动机与变速箱之间安装了一个液力变矩器,以增强适应地面阻力变化的能力,提高坦克的起步加速性和在松软地面的通过性。著名的"豹"1和"豹"2、"勒克莱尔""挑战者"系列坦克即采用这种装置。

置。正因如此,所以说坦克的机动性是否优秀,在很大程度上取决于坦克的传动装置。由于坦克行驶的路面一般都异常复杂,战争的实际需要要求坦克必须能适应各种路面状况。然而,综合考量战场上各种经常会遇到的路面状况后,人们得出了这样的一系列数据。一般情况下,坦克在战场上遇到的道路阻力变化范围高达 10—15 倍,其速度则在 0—72 千米/小时的范围内变化。如此大的变化范围,自然要求发动机发出的牵引力和其转速也有相应的变化范围。但是,目前一般的坦克柴油机牵引力的变化范围只有 1.06—1.25 倍,稳定转速的范围只有 1.5—2.75 倍,这远不能满足坦克实际速度和路面阻力变化的要求。这种直接影响坦克作战效率的矛盾主要就是由传动装置来解决的,在解决这个问题的过程中,传动装置的作用有三个:把发动机的动力传给两侧履带,在路面阻力变化时,传动装置可改变履带的速度和牵引力,以满足坦克直线行驶的要求;在转向时,按转向要求分配给两侧履带不同的速度和牵引力,使坦克转向;实现坦克倒驶和在发动机工作时能够随时停车(即变速箱在空挡),以便检查各部工作情况。

## 传动装置基本类型

现代坦克传动装置的基本类型,一般按其能量传递的形式分为机构传动和液体传

动。能量全部由轴、齿轮、弹簧、摩擦件等机构元件传递的传动装置,称为机械传动装置。传动装置中,靠液体元件来传递能量的传动装置,称为液体传动装置。这其中又按照液体传动所利用的不同方式分为液力传动装置和液压传动装置两种。液体元件中靠液流的动能来传递能量的,称为液力传动装置;靠液流压力来传递能量的,称为液压传动装置。机械传动装置和液体传动装置对坦克性能的影响有所不同,这些不同主要体现在坦克速度的变化范围、牵引力的变化范围、坦克功率的利用状况等方面。尽管从坦克机动性方面来看,液体传动整体上是优于机械传动的。但是这并不意味着所有的坦克都可以或者都适宜采用液体传动,对于战斗车辆本身而言,机械传动相较液压传动有着简单、可靠、耐用、成本低廉等突出优

各种坦克实际选用的传动装置各有不同

点。基于这一点,所以各国在坦克传动装置的研发上,也都各有侧重,会根据各国实际情况来进行选择。比如以前苏联都采用机械传动,故机械传动在苏联现代坦克中有了很大的改进和发展。

## 液压和机械装置性能比较

关于坦克速度的变化范围中,液体传动由于有液体元件,液体元件的主、被动部分

是由液体来传递能量,所以可使坦克速度进行连续变化,能降低速度到零而仍然保有足够的牵引力。机械传动因为是有级的,故坦克速度不能连续变化。如果不能及时切断发动机动力,车速则不能降到零。在坦克牵引力的变化范围上,两种传动装置都可扩大发动机的扭距变化范围,但是机械传动不能扩大发动机的扭距适应性系数 K。而液体传动中,由于液体元件本身的流水性特性,所以能扩大 K 值,从而也使坦克的适应性有了提升的空间。在发动机的功率利用状况这一点上,液体元件的特性为发动机在其最大功率范围内工作提供了足够空间,因而可充分利用发动机的功率;而在机械传动中,发动机功率的利用程度是受挡数限制的,挡数越多,功率利用越好。液压装置中由于有液体元件的滑转,所以当外界阻力骤然增大时,装液体传动的坦克,发动机通常不会随即熄火。而装机械传动的坦克,则可能导致发动机突然熄火。在传动发动机功

率这点上来说,液体传动比机械传动效能会稍低些。为此,近代坦克的液体元件在高速时都采用了闭锁装置,这种装置可使其在高速时由变矩器变为效率较高的偶合器,以提高其传动效率。最后从结构上分析,机械传动相对液压传动还有着制作简单、成本低,便于大量生产,且维修保养容易等优点。正基于此,所以机械装置目前还是有着一定的利用潜能。

## 机械传动基本构成

典型的机械传动装置是由传动箱(或称增速箱),主离合器,变速箱,冷却系的风扇联动装置,左、右行星转向机,制动器和侧减速器等部件组成。传动箱用来将发动机的动力传给主离合器,并增强发动机转速,以减少主离合器、变速箱和行星转向机所承受的扭矩。当用电动机起动发动机时,通过传动箱可增大起动力矩,使发动机易于起动,缩短起动时间。主离合器位于传动箱和

坦克的机械传动由变速箱来掌控

液压机械传动装置是另一种较新的传动装置。该传动装置包括一个多片式主离合器，两个油冷多片式停车制动器，两套具有相同排量的球形活塞式液压泵-液压马达组和一套齿轮装置。该传动具有液力传动一切优点，从坦克机动性观点来看是比较理想的，但技术难度较大。

变速箱之间，靠弹簧压紧主、被动摩擦片，通过主、被动摩擦片的摩擦力来传递动力。当操纵分离机构时，压缩弹簧，使主、被动摩擦片分离，传动箱的动力便不能传到变速箱中去。主离合器是机械传动中不可缺少的重要部件，当起动发动机时，可以通过主离合器的分离或结合，有效减少坦克在紧急起动或刹车时对相关作用机件的损伤。变速箱是传动装置中的重要环节，主离合器传

🔺 坦克的液压传动基本上是采用液力元件来完成的

来的动力可以通过变速箱传入左、右转向机，从而使坦克及时转向。变速箱一般有5—8个排挡，通过换挡即可改变速比。也即在发动机的扭距和转速不变情况下，通过换挡，改变坦克的行驶速度和牵引力，以适应坦克行驶路面阻力变化的要求。通常情况下，挡数越多，改变坦克的行驶速度和牵引力的范围越大，坦克的机动性也就越好。具有倒挡的变速器，还可在不改变曲轴旋转方向的条件下，使坦克倒驶。

## 液压传动基本构成

现代主战坦克上，所采用的液力传动类型很多。液力传动的关键部件是液力元件，目前在坦克和其他战斗车辆上，广泛使用的液力元件兼有液力变矩器和液力偶合器的性能，这种液力元件称为综合式液力变距器。由于它的泵轮与主动轴相连，当泵轮转

动时，泵轮内的工作液体得到泵轮内叶片给予的能量后，产生离心力，迫使液体流动。此时，发动机的机械能就转变成了泵轮内工作液体的动能和压能。当坦克进行直线行驶时，液压泵排量为零，液压元件不参加工作，汇流行星排太阳轮由于液压马达锁住而动弹不得。此时，发动机动力经液力变矩器（或综合式变矩器），变速箱而传入左、右汇流行星排齿圈，经汇流排框架输入侧减速器，带动主动轮旋转。当坦克转向时，液压泵、液压马达参加工作，发动机功率除按坦克直线行驶时输入左、右汇流行星排齿圈外，还通过液压泵、液压马达而输入汇流行星太阳轮，使左、右汇流行星排太阳轮发生大小相等，但却是方向相反的旋转。这样一来，由于汇流行星排框架的左、右速度不同，从而使作用在坦克两侧履带的速度和牵引力不同，使坦克转向。

兵器知识

> 液气悬挂以密封高压气体作为弹性元件
> 坦克履带有轮式——履带和纯履带模式

# 坦克的行动装置 »»»

正如一辆汽车所要求的那样,动力、传动、操纵装置不过只是提供了一个前提,真正实现汽车飞驰的还看车辆本身的行动装置。所以,一辆坦克的机动性也不是仅取决于坦克的动力、传动和操纵装置。如何实现坦克的行动,实行的效果如何,特别是当坦克行进在一些特殊地面,如沙漠、沼泽等地带,这正是坦克的行动装置大显身手之时。

## 行动装置的作用

坦克在一些多雨水、多丘陵地区的行军平均行驶速度与其在平坦公路上的行驶速度自然不能相提并论。二者差异之大,可想而知。这还仅仅是在行军途中,倘若真要到了千钧一发的战场上,在双方你来我往的密集炮火压制下,如果坦克自身的行动装置不能及时发挥其能力,那这样的坦克也只剩下在敌方的炮火中光荣"牺牲"的可能了。现代主战坦克的动力、传动、操纵装置的发展水平,或许在某种程度上可能提高坦克的最大速度和平均行驶速度,但是坦克行动装置本身的可靠性,以及其在行进中不可避免产生的震动、噪音,却可能会对坦克乘员的舒适性和持久工作的耐力产生众多的负面影

响,从而限制坦克机动性的提高。所以,改进坦克的行动装置,已经成为进一步提高坦克机动性的关键。坦克行动装置包括坦克履带推进装置和坦克悬挂装置两大系统,它们共同构成了坦克推进系统的重要组成部分。坦克履带是行动装置的关键之处,尽管坦克履带通常都是金属履带制成,但其在行动上的灵活自如性并不比橡胶轮胎的普通汽车逊色多少。坦克履带具有的与地面接触面积大、进行转向等特点,为坦克的行进带来了极大便利。

## 行动装置的特点

虽然现代主战坦克动辄重达 30—60 吨,但它对地面的平均单位压力一般只有 0.7—0.9 千克/厘米$^2$。汽车的轮胎,因为与地面的接触面积小,所以尽管车体本身较轻,但其单位压力反比坦克高。故此,当汽车和坦克同时行进在特殊路面,如雪地、泥泞、水稻田、沼泽地中时,坦克反而会比汽车行进得更快、更好。而汽车则恰恰相反,倒更容易陷入泥泞之地,脱身不得。由于坦

🎧 坦克的行动装置对坦克的行动有很大作用

克履带与地面接触面积大,履带上又有凹凸不平的花纹,使得履带对地面产生良好的附着力,因而也形成了更大的牵引力。牵引力的提升同时为坦克在行进中跨越壕沟、涉水,提供了在爬坡中保持稳定的可能。汽车靠差速机构来实现转向,内侧车轮的速度变化几乎与外侧车轮的速度变化保持一致。汽车在转向时,其几何中心保持转向前直线行驶的速度不变,即转向时的速度与直线行驶时相同。坦克的转向与汽车转向不同,是借助专门的转向机构来实现的。

## 坦克的转向

坦克转向有三种情况。第一种情况:如向右转,操纵右转向机,降低右侧履带速度,左侧履带速度与直线行驶速度相同。此时坦克的转向半径取决于低速履带速度降低多少,若降低得少,则转向半径大;若降低得多,则转向半径小。但是,当坦克中心速度比左侧高速履带的小,而比右侧低速履带的大时,坦克在转向时的速度就会表现得比直线行驶时低。第二种情况:如果要使坦克向右转,操纵右转向机,使右侧履带速度为

坦克的转向比较复杂,不是像我们平时见的汽车那样打方向盘就可以的。

坦克的履带

零。此时坦克将以右侧低速履带为中心向右转向，此时坦克的转向半径等于车宽。第三种情况：由于有些坦克采用的双功率流液压传动装置，这种装置能使坦克两条履带向相反方向，以相同速度旋转。此时坦克可以其自身的几何中心为中心进行转向，其转向半径等于车宽的一半；而汽车在进行这样的转向时，其与直线行驶时所消耗的功率相同。不过当坦克转向时，其所消耗的功率比直线行驶时消耗的功率要大得多，因而坦克转向时，驾驶员必须增大油门。

## 履带的构造特点

坦克能超越一定高度的垂直壁和较宽的壕沟，这都是坦克履带自身特殊构造的功劳。坦克的履带是封闭的链条，而且坦克前轮（大多是诱导轮，也有主动轮）中心的高度大于垂直壁的高度，正是有着这样的与众不同，坦克便能轻松超越几乎任何障碍物。这样两条封闭的履带设计，使坦

克在前进或后退时，两条履带不断地向前或向后滚动，从而不断为坦克的运动铺好道路。此外，封闭的履带从前轮到最后轮的长度几乎与车体长度相同，因此只要壕沟的宽度小于履带最前部到坦克重心的距离，坦克便能轻而易举跨过去，这是令其他普通装甲车可望而不可及的一大优势。坦克的推进装置包括主动轮、履带、诱导轮及履带调整器、负重轮及托带轮。其可以对坦克起到非常重要的支承作用，把发动机经过传动装置输出的扭矩变成推动坦克运动的牵引力，从而使坦克具有良好的通过性。一般在坦克的设计过程中，通常都会要求坦克的履带推进装置能使坦克在困难路面有良好的通行力，还要在工作极为恶劣的条件下具有足够的强度、耐磨性和防护性，而且重量要尽可能轻。由于在坦克重量作用下，坦克履带上的凸出花纹会深入甚至嵌入土壤中，当主动轮向下拉下支履带时，

坦克在行动中，两条履带会不断做相对运动，从而推进坦克前进。

兵器解密

为了使坦克车体的震动迅速衰减，人们想到了在坦克左、右两边第一和最后一个负重轮处装上减震器。这样一来，不仅将坦克震动的能量变为了热能，而且还起到了一定的缓冲作用，从而有效提高了坦克行驶的平稳性。

接地履带便摩擦、挤压和切割土壤。在履带给地面施力的同时，地面也会给履带一个大小相等但相反的作用力，这个力就是能够推动坦克前进的牵引力。由于坦克行驶的道路不同，所以坦克在不同路面上产生的最大牵引力也不同。这取决于发动机的功率、传动装置、路面状态、履带对地面的平均压力和履带结构等。

不同坦克悬挂装置对乘员身体和技术能力会有不同影响

## 悬挂装置

坦克的悬挂装置由平衡肘支架、支撑座、平衡肘、扭力轴、减震器、缓冲器等组成，它通常用来作为将车体和负重轮连接起来的所有部件和零件的总称。悬挂装置的性能通常会影响和限制坦克最大行驶速度、平均行驶速度的提高。当坦克在一定路面以一定速度行驶时，悬挂装置的结构和性能的好坏，常常还会影响到车体的颠簸和震动的大小。悬挂性能差的坦克如果以高速行驶，很可能会将行进中的颠簸和震动所产生的

冲击传给坦克的车体，影响到车内乘员的正常操作而且会使他们很快疲劳，甚至会使坦克车体内安装的机构及行动装置的零件因超载荷而损坏。

这种体验大家可以联想一下我们平常乘坐汽车时的感受，当汽车行驶不够平稳时，坐在车内的人们常常会感到昏昏欲睡。正是这样的情况，除了影响乘员的驾驶，坦克车体的强烈震动，还会影响到坦克在行进间的射击，给乘员观察敌情带来困难并降低其工作能力，使乘员不得不降低车速，而这样一来就大大地降低了坦克的机动性和其作战能力。优秀的悬挂装置可保证坦克在各种路面上平稳行驶，保证坦克在恶劣条件下，有足够的强度和缓冲能力，即要可靠耐用。一般情况下，悬挂装置体积越小、重量越轻，越便于维修，其性能越好。

### 兵器简史

随着军事科技的发展，目前已经出现了一种液气悬挂装置。这种装置不仅能够同时起到吸震和减震的作用，还可以通过改变车辆姿态提高坦克的诸多性能。比如，使车体能够前后俯仰或左、右倾斜，增加火炮的高低射界或减轻火炮本身对射击精度的影响等。

> 被动红外夜视仪视见距多为1200—1500米
> 微光夜视仪效果不及主动红外夜视仪

# 坦克的火控系统 >>>

坦克火控系统是控制坦克武器，主要指坦克炮的瞄准和发射的系统。良好的火控系统可以有效缩短坦克的射击反应时间，提高首发命中率和作战的效率。坦克的火控系统是坦克火力系统的核心所在，无论是高精准度的红外夜视仪，还是融合了最新电子技术的弹道计算机，它们都是现代高科技在坦克身上的最好体现。

## 潜望镜

潜望镜相当于坦克的"眼睛"，由于坦克乘员大多时候都是屈身于坦克狭小的舱体之内，所以通过潜望镜来观察周围的环境、地形、天气、路面等可能影响坦克行进和射击的因素，就成为必不可缺的途径之一。除了潜望镜，坦克还有瞄准镜来帮助它有效打击目标。潜望镜、瞄准镜、激光测距仪、坦克夜视仪、高低机和方向机、火炮稳定器和带有多种传感器的火控计算机等，共同构成了坦克的火控系统。坦克上供观察用的潜望镜，分为无放大倍率和放大倍率的两种。前者是根据光学中平面镜成像的原理，由镜体加上下反射镜等组成的。这种潜望镜还可以根据需要改变上下反射镜的相对位置，满足观察不同潜望高度的需求。为了便于

坦克乘员隐藏在坦克车内，通过潜望镜观察外部情况。

回转观察周围情况,有的还被制成了旋转或俯仰式的。根据不同乘员的实际需求,坦克上的潜望镜也各有其用。比如车长有自己的观察潜望镜,炮长、二炮手有用于搜索、观察的炮手潜望镜,驾驶员有驾驶员潜望镜,以及水陆坦克高潜望镜。有放大倍率的潜望镜是由上、下反射镜和物镜组、分划镜、目镜组和镜体等组成的,可增大视见距离。这种潜望镜有昼视、昼夜互换、昼夜组合、测光测距与昼夜视组合、稳像式的观瞄测距组合系统等类型。

坦克的瞄准镜

## 瞄准镜

坦克炮瞄准镜是供炮长在操纵火炮和并列机枪时,用来寻找和发现目标,直接瞄准目标,进行距离测量,修正射弹偏差,观察战场以及弹着点的一种光学仪器。坦克炮瞄准镜大多是光学绞链式直筒望远瞄准镜,由物镜组、分划镜、光学绞链、变倍系统、目镜组和镜体等组成。它一般装在火炮左侧,镜头部分固定在火炮摇架左侧的瞄准镜支架上,用于直接观察的目镜部分通常会固定在炮长座位前面的活动吊架上,以便炮长瞄准用。火炮俯仰时,通过镜筒中部的活动绞链能够使镜头的物镜一端随之俯仰,并通过炮塔前部的一个椭圆形开口瞄准攻击目标。目镜处备有护眼圈和护额垫,用以保证坦克颠簸时不致碰伤乘员。相对近年来出现的"指挥仪"式火控系统中,炮长采用的独立稳定式瞄准镜,或称稳像式激光测距瞄准镜,这种瞄准镜就不免相形见绌了。这种新式的瞄准镜内有一具备两个放大倍率(如

8倍、16倍)的单目光学潜望式瞄准镜、钕玻璃激光测距仪,以及稳定瞄准线的设备。由于这种瞄准镜有独立的瞄准线稳定装置,炮长直接控制的是瞄准线而不是火炮,所以需要稳定的往往只是一个棱镜或镜座。由于棱镜或镜座的质量一般都很小,所以瞄准线稳定精度很高,远远超出了火炮的稳定精度,极大提高了射击精度,可顺利实现行进间对运动目标的射击。虽然瞄准线独立于火炮之外,有效提高了动态射击精度,但静态射击精度却有所降低。为此,一些坦克上又增加了激光测距仪以及昼夜间瞄准镜。坦克炮有了这种瞄准镜和其他先进的火控部件组成的火控系统,无论自身在行进中如何颠簸,都能有效保证较高的首发命中率了。

## 激光测距仪

激光测距仪是用激光来测定坦克至目标距离的一种仪器。众所周知,激光具有光

### 兵器简史

炮塔方向机就是用来回转炮塔的,它一般由炮手操纵。但在近代坦克上,为了使车长在发现新的目标时,能直接将火炮调转到新目标方向,以提高火力机动性,车长大都能超越炮长直接操纵炮塔。

🔥 坦克乘员在探测周围的情况一般都是利用红外线装置来观察

束集中、传播速度快等特点，利用激光测距比用目测判断距离或用光学测距的精度都高，且精度不受距离远近影响。激光测距仪体积小、重量轻，操作使用简单，易于掌握，并且有着良好的抗干扰性。缺点是在大雾天，由于能见度差致激光衰减严重，很可能会导致无法测距。激光测距仪在工作时，先向被测目标发出一个激光脉冲，由于目标的漫反射，光束的部分能量将被反射回激光测距仪。激光测距仪测量出从发射激光脉冲，到接收到返回的激光脉冲所经过的时间$t$，然后乘以光速再取其1/2，就可以求出测距仪到被测目标之间的距离$s$。由于光的传播速度极快，一般的钟表根本无法测出，所以激光测距仪又有了一个"部件"——时标振荡器(石英晶体振荡器)。这种振荡器振荡频率极高，比如每秒钟能产生3000万个晶振脉冲，每个脉冲的持续时间约在3000万分之一秒。测距时，在发射激光脉冲的同时，计数器开始记录晶振脉冲的个数，一直记到接收到回波激光为止。用这种方法可

以精确地测量出时间$t$，从而算出目标的精确距离。激光测距瞄准镜借助瞄准镜视场内的指标可与坦克武器一起进行校正。其主机部分(收、发机部分)通常安装在坦克炮塔外部的装甲匣内，其控制部分位于炮长和车长的工作位置上。当炮长通过瞄准镜瞄准目标后，激光测距仪也会对准这个目标，只需按下激光发射按钮，即可测出目标的距离并在距离显示器上显示出距离数值。

## 夜视仪

坦克夜视仪是一种利用红外线，或者放大天然微光原理，供坦克乘员进行夜间观察和瞄准的仪器。现代坦克上的夜视仪主要有主动红外夜视仪、被动红外夜视仪和微光夜视仪。红外线又被称为热射线，据说所有温度高于绝对零度的物质都能够放射出红外线。由此可见，不论是人还是坦克自然也是可以通过自身释放的红外线而暴露藏身之地或行踪的，红外夜视仪就是用目标发出的或反射回来的红外线进行观察的夜视仪

坦克炮有两套操作机构可使用。一套是手工操作，由炮手左手摇动方向机、右手摇动高低机，实施跟踪和瞄准；另一套是电操纵，高低向一般为电液式，由炮长控制，水平向由炮长通过电机放大机控制。前者使用可靠，但速度慢；后者既可实施高速跟踪，又能实施精确瞄准。

兵器解密

器。现代坦克装配有驾驶员红外夜视仪、车长红外夜视仪、炮长红外夜视仪和炮长红外夜间瞄准镜。尽管几乎所有物质都会释放出红外线，但由于自然界物体的温度较低，辐射出的红外线能量很小，红外仪器难以成像，所以需要红外探照灯或带有红外滤光玻璃的白炽探照灯，来发射人眼看不见的红外辐射。

主动红外夜视仪即是靠自带红外光源（比如红外探照灯）来照射目标，并利用被目标反射回来的红外线转换成可见图像，寻找目标和判断目标的具体情况的。其主要组成部分包括红外探照灯、观察镜、电源三部分。被动红外夜视仪自身无红外光源，只依赖目标与背景间、目标各部分间的温差而产生的热辐射成像。微光夜视仪是利用夜空的微光并加以放大，使人眼能看得见目标图像的一种仪器称为微光夜视仪，夜间的月光、星光、银河系的亮光和大气辉光等，通常都可称为"微光"。微光夜视仪的总体结构与主动式红外线夜视仪基本相同，但它没有红外探照灯，是一种被动式夜视仪器。微光夜视仪关键部件——增强器，能把夜间的微光照明下，人眼根本无法分辨清楚的景物图像转换成人眼可看清的可见光景物图像。

## 方向机和高低机

我们知道，无论机枪还是火炮，其在发射炮弹一瞬间产生的后坐力是相当强大的。对于坦克来讲，由于火炮是架设在坦克装甲之上的，所以类似的这种力量都会极大影响到坦克火炮本身的稳定性以及首发命中率，甚至会给坦克装甲、坦克内部装备带来损伤。所以，基于这样的考虑，对坦克火炮的操纵和稳定就成为人们最先注意的问题。

坦克炮大都安装在可旋转的炮塔上。在战斗时，炮塔被要求能够随着火炮同速转动，使火炮对准随时出现的目标。另外，炮塔还应具备低速转动以对目标进行精确瞄准，或者以某一任意速度转动使火炮及时调整角度，跟踪打击目标等。高低机一般固定在炮框左侧，用以保证−10°—+20°的高低射角，其主要组成包括减速机构、保险联轴器和解脱装置等。减速机构用来赋予火炮以高低射角和使火炮进行瞄准。保险联轴器用于坦克行进中，火炮剧烈颠震时，保护高低机的零件不受损坏。解脱装置则是用来使蜗杆和蜗轮分离。

坦克的方向机和高低机在一定范围内是可变动的

**兵器知识**

> 基数是计算装备、物资数量、重量的单位
> 加农炮属身管长、初速大、射程远火炮

# 坦克的火力 »»»

坦克的火力是坦克在战场上大显威力的重要手段。坦克对打击目标构成的毁伤能力即是坦克火力性能的体现,这也是坦克战术技术性能之一。坦克火力的大小不是由某个单一因素决定的,能够影响坦克火力大小的因素,包括坦克炮口径、弹丸威力、射击精度、首发命中率、直射距离、发射速度等。坦克火力的大小通常也是由这些指标来衡量的。

🔊 正在发射炮弹的坦克

### 坦克炮

坦克炮是现代坦克的主要作战武器。由于坦克在战场上主要是近距离作战,因此坦克炮在1500—2500米的射程里成为用来消灭敌人的有生力量和摧毁敌人的火器与防御工事。坦克炮是由小口径地面炮演变而来的,而现代坦克炮则多采用高初速、长身管的加农炮。坦克炮口径是指坦克炮身管的口径,一般情况下,坦克炮的口径大小基本上就可确定火炮威力的大小。由于现代坦克在战场上的主要任务就是和敌方坦克作战,所以坦克上配备的反坦克炮弹的穿甲和破甲能力,就成为衡量坦克火力性能的重要指标之一。坦克炮一般由炮身、炮闩、摇架、反后坐装置、高低机、方向机、发射装置、防危板和平衡机等部件组成。炮身在火药气体的作用下,赋予弹丸初速和方向。炮口或靠近炮口部位(加粗部分)的抽气装置是坦克炮所特有的。当弹丸飞离炮口时,膛内压力会骤然减小,抽气装置利用火药气体本身的引射作用,把自身原有的火药气体从喷嘴排出,在喷嘴后的膛内形成低压区,从而可将炮膛内残存的火药气体排到膛外,以免废气进入战斗室,影响乘员战斗力。

### 坦克炮口径

坦克因为装甲车体坚固,稳定性好,所以可装载大口径的火炮。在相同条件下,火炮的口径大,炮弹粗,药筒装的发射药多,初速大,火炮的火力就强。但是,这并不是说火炮口径越大就越好。因为当其他条件相同时,火炮口径太大,整个火炮、炮塔座圈、炮塔都要随之加大,因而会使整个坦克车身加宽加重,从而影响到坦克自身的机动性。另外,大口径的炮弹一般也都比较长、比较重,不容易实现自动装填。但是人工装弹又特别费劲,尤其是在当坦克正在行进中时,要给运动中的坦克装弹几乎成为不可能。并且,炮弹发射后的空金属药筒不易处理,还会直接影响发射速度。除此之外,火炮的口径大往往还会导致弹药基数的减少。基于以上原因的考虑,所以,现代坦克炮的口径通常多为 85—125 毫米。主战坦克的火炮口径为 120—125 毫米,通常被认为已达到了极限。

## 坦克炮配用炮弹

坦克炮主要攻击目标是对方的坦克,并通过发射反坦克炮弹来完成这一任务。自从坦克问世并且在战场上大显威力以来,世界各国对反坦克炮的研制也紧随其后,加紧进行。坦克炮与反坦克炮如果仅就其所装配的火炮和弹药而言,二者并无多大差异。事实上,坦克身上的大多数坦克炮,多数也的确是由同时代的坦克炮改装而成的。当前坦克炮配用的反坦克弹种主要以尾翼稳定的长杆式次口径脱壳穿甲弹为主,同时还配有空心装药破甲弹及碎甲弹。尾翼稳定的长杆式次口径脱壳穿甲弹,主要是靠火炮赋予它的机械动能来穿透坦克装甲,达到致敌方坦克损伤或击毁的目的。坦克炮配用的炮弹也是随着坦克装甲防护能力的不断提高而不断增强威力的,仅就穿甲弹而言,其发展也经历了从普通穿甲弹、超速穿甲弹、旋转稳定的次口径脱壳穿甲弹到现在的尾翼稳定的脱壳穿甲弹的发展过程。穿甲

为了加强火力,现代主战坦克通常都选用长身管、粗弹筒的坦克炮。

现代坦克炮威力相当大，具有超强的穿透能力。

弹穿透装甲的能力很大的程度上取决于发射时的初速，其毁伤威力大，一旦穿透装甲，必将车毁人亡。空心装药破甲弹是第二次世界大战后期发展起来的一种反坦克弹药，它对装甲的破坏作用靠的是弹丸本身装填的炸药所释放的化学能。碎甲弹也是靠弹丸所携带的炸药，在抵达目标处爆炸时所释放的化学能来达到摧毁既定目标的目的。所不同的是它是通过把塑性炸药紧贴在装甲的外表面上起爆，利用爆炸波撕裂装甲内表面，从而构成对车体内的人员、设施的毁伤。这种情况下，目标坦克的装甲其实并未被穿透，只是内表面产生了崩落效应。

## 火控稳定器

　　要使坦克最大程度发挥其火力性能，仅具有威力巨大的火炮炮弹，还只是完成了有效射击的第一步。如果坦克炮在发射炮弹的过程中，因为坦克车体不够稳定而使射角发生偏转，那么也很可能会使之前的所有努力功亏一篑，即便是威力再大的炮弹也难以挽回损失。所以，这时就需要火控稳定器的稳定发挥了。当坦克在起伏不平或曲折的道路上行驶时，架设在装甲之上的火炮常会因车体振动而偏离射角，或因坦克转向而偏离原方位角。在这种情况下，即使通过瞄准镜发现了目标，也难以操纵火炮高低机和方向机在短促时间内完成精确瞄准与准确射击。火控稳定器就是为了改变这种状况而产生的，它可将火炮和并列机枪稳定在所赋予的射角和射向上。火炮的稳定器分为单向和双向两种。仅有火炮高低稳定的是单向稳定器，也称高低稳定器；不仅能高低稳定，而且也能实现水平方向稳定的是双向稳定器，现代主战坦克大多装备的是双向稳定器。采用火炮双向稳定器，可使坦克即便在运动时，火炮和并列机枪也能自动地保持在所赋予的高低和方向位置上，从而提高行进间的射击精度；另外，还可仅用一个操纵台，便可实

兵器简史

　　现代坦克炮威力巨大，具有强大的远距离穿甲能力。苏联T-72坦克125毫米火炮发射初速为1650米/秒，当其发射长式动能弹时，在2000米距离上可击穿近0.33米厚的钢板。西德研制的"豹"2坦克具有120毫米火炮，在发射初速一样的相同炮弹时，在2200米距离上可击穿厚度为0.35毫米的垂直装甲。

数字式电子弹道计算机既能指挥控制坦克炮的射击，又能指挥控制反坦克导弹的发射，为在坦克上采用导弹武器提供了可能；另外它比模拟式计算机更能满足增强坦克火力的要求，而且可与机载、舰载计算机通用。除计算精度高，还有记忆存储、逻辑判断的能力。

长的炮筒有效射程更远

现高低或水平方向的瞄准，既轻便，又平稳。

## 火控计算机

现代高科技技术将战争武器带入了自动化时代，坦克上的火控计算机即是这样一个典型代表。火控计算机是一种自动赋予火炮射角的仪器，作为是一个数据处理系统，它是火控系统的核心部分。通常情况下，火控计算机是和激光测距仪搭档合作的。当炮长用瞄准镜搜索到目标后，进行瞄准并通过激光测距仪测出目标距离后，该测量数据将自动输入火控计算机。火控计算机会根据目标距离、备选用的弹种、内外弹道数据以及炮管磨损、耳轴倾斜、气温、药温、风力、风向、初速等的修正量(可用各种传感器测量，也可用人工装定)进行弹道解算，解算出的瞄准角和方向提前角将被送到瞄准镜并自动装定表尺，同时输出的电信号控制火炮稳定器赋予火炮瞄准角和方向提前角，并自动调整好火炮的位置。这时，炮长只需在瞄准镜内进行二次瞄准后，即可射击。除开始瞄准、二次瞄准和弹种选择外，在火控计算机的协助下，坦克内部的其他工作程序也完全自动化。这不仅减低了坦克乘员的工作强度，缩短了火炮射击时间，而且提高了火炮射击精度，极大提高和保持了命中率。火控计算机的种类很多，数字式电子弹道计算机算是比较先进的一种。

先进的火控计算机大大增强了坦克的火力性能。

# 轻型坦克

  第一次世界大战期间，轻型坦克开始出现。在随后的时间里，它经历了一个颇为曲折的发展过程。这中间有着兴盛，也有衰落，直到20世纪80年代以后，它才迎来了又一个新的黄金发展期。出于现代战争快速部署部队的需要，轻型坦克被重新大规模装备于装甲部队，并在这种作战实际需要的推动下，朝着更为专业的方向发展。轻型坦克本身所具有的高机动性得以最大发挥，而火力的不断增大也使得轻型坦克有了更大的作战空间。

> 苏ⅡT-76坦克1957年后改称ⅡT-85
> 英制蝎式轻型坦克战斗全重仅为7.9吨

# 什么是轻型坦克 >>>

**轻**型坦克产生于第一次世界大战期间，早在第二次世界大战以前，就开始作为支援步兵的战斗车辆，在战场上发挥了一定的作用。20世纪80年代以后，为了达到了快速部署部队的目的，满足局部战争作战需要，世界各国都十分地重视研制和装备新一代具有高机动性和大火力的轻型坦克。轻型坦克由此迎来自己一个新的发展时期。

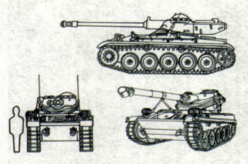

🔺 轻型坦克的纸制设计效果图

## 早期发展状况

20世纪60年代以来，多数国家将坦克分为主战坦克和轻型坦克，轻型坦克包括侦查坦克、空降坦克、水陆坦克等。目前，一些装有大口径火炮的20吨以下的坦克歼击车（也称反坦克自行火炮），也被列入了轻型坦克一类。第二次世界大战以前，轻型坦克有过一段"群雄并起"的发展时期。这一时期较著名的轻型坦克有苏联早期的T-26、T-27、T-46坦克，后来又出现了T-30、T-60、T-70、T-80等；美国也在1933年前后开始大量生产自己的轻型坦克。直到"二战"爆发前两国的轻型坦克总数都达到了数万辆。这样的数字规模，开创了轻型坦克的兴盛时期。"二战"期间，随着坦克技术的发展，中型和重型坦克大行其道，轻型坦克则由于自身火力和防护性能不足，远不能满足战场需要，而一度受到冷落。20世纪60年代以来，伴随主战坦克逐步取而代之中型坦克参战后，轻型坦克开始退出了各国主要装备的地位，并经过改良和演变发展成为各种特种车，比如侦察坦克、坦克歼击车、伞兵战车和登陆战车等。这一时期较著名的轻型坦克有美国的M551轻型侦察坦克，苏联的ⅡT-76轻型水陆坦克，瑞典的IKV-91坦克歼击车，英国蝎式轻型（侦察）坦克等。

## 当前现状

随着现代科学技术的发展，尤其是坦克火炮技术、装甲复合材料技术、光电技术、动力传动装置技术以及"三防"技术的进步，主战坦克的作战性能得到很大提高。但是伴随坦克技术的日趋复杂，主战坦克重量不

联邦德国研制的"美洲狮"系列轻型坦克具有以下特点：车重在 16—34 吨，每种型号车按车重在整个车族里被分为了 3 个等级，并在此标准下可安装 4 对、5 对或 6 对负重轮。美洲狮变型车众多，可执行战场上的不同任务。采用了豹1、豹2等坦克上的现成部件进行改造等。

兵器解密

**兵器简史**

苏联曾在"二战"末研制出 ЦТ−76 轻型水陆坦克，主要用于侦察、警戒和指挥用车辆，也可作为两栖部队夺取滩头阵地的火力支援武器。目前俄罗斯军队已经用 BMЦ 步兵战车的侦察车型取代了苏联时期的 ЦТ−76 坦克，但 ЦТ−76 坦克目前仍在二十多个国家装备使用。

断增加等，其发展也遇到了一个现实瓶颈。主战坦克的生产制造成本急剧增高，比如美国的 M1 主战坦克单车价格在 1988 年的财政年度曾增长到了 256 万美元，而德国的"豹"2 坦克单车价格也曾高达 220 万美元。如此高的成本给各国财政带来了沉重负担，而随着各国在现代局部战争中对快速部署部队这一点的愈加重视，轻型坦克的发展问题又开始重新被提上日程。如美国海军陆战队提出的要装备一种机动防护武器系统，陆军考虑的研制机动防护炮系统计划等，实质上都可划归到轻型坦克的发展规划当中。除了美国，20 世纪 80 年代开始，联邦德国、英国等纷纷加入研制轻型坦克的行列。一些发展中国家也不甘落后，紧锣密鼓积极发展和装备轻型坦克，这期间这些国家自己也出现了一些比较有名的坦克。如巴西的 X1A2 轻型坦克，中国的 62 式轻型坦克等。

## 作战部署

纵观轻型坦克的发展历程，可以看出它的发展是紧紧跟随各国的实际需要，各国不同的军事思想、战略方针和地形条件而发展

的。相比主战坦克的强大火力和超强防护性能，轻型坦克具有灵活方便、机动性强等特点。在战场上，它主要用于在主战坦克不便通行和展开的地区执行战斗任务，也广泛装备于坦克部队和机械化步兵部队的侦察分队。尤其是在山地、丘陵等地，轻型坦克的优势更为明显。轻型坦克在战场上的使用特点包括以下几点：第一，多数轻型坦克配合主战坦克进行侦察、警戒和巡逻。它们能够在距离己方主力部队较远的地方进行侦察和识别敌情活动，探明敌方的纵深作战方略和突击方向，以快速机动和活力阻止敌方的突然袭击，对其实施压制等。第二，主要用于歼击作用。在执行此类任务中，轻型坦克也是利用自身的快速机动性，利用地形、地面遮掩物和敌军周旋，伺机歼灭敌军装甲车辆和坦克。第三，当处于主战坦克无法发挥优势的特殊地形战场上，其可作为主战坦克参与作战。第四，作为空降部队的重要装备之一。第五，有助于实现快速部署和远距离支援作战。

轻型坦克能够在距离己方主力部队较远的地方进行侦察和识别敌情活动

兵器知识

> "马克"I的对外联络靠信鸽来完成
火炮、防空或同轴机枪是坦克主要武器

# "马克"I型坦克 >>>

"**马**克"I型坦克是人类历史上第一种投入实战的坦克,严格意义上讲,它更像一台披上铠甲、装上武器的拖拉机。实际上它也的确是由一台拖拉机配上加长的履带和钢板改制而成的。不管怎么说,"马克"的出现,改变了那种残酷的血肉横飞的战争模式,将传统的阵地壕沟战变成了无聊的游戏,也将人类彻底带入一个机械化战争的时代。

## 亲切的"小威利"

英国人亲切地称"马克"I型为"小威利"。实际上早期的坦克就是在美国产的"布劳克"拖拉机上加装一对加长了的拖拉机履带,把锅炉钢板钉在角铁架上,做成一个长方形的箱子,然后把箱子安装在拖拉机上,这就成了坦克。为使车辆保持平衡,设计者们还在车辆后部的转向轴上装上了一对直径为1.37米的导轮。履带从此由拖拉机转到了坦克庞大的身躯上,后来,履带甚至成了坦克的象征,而履带与拖拉机的关系反而越来越远,甚至干脆在拖拉机身上找不到履带的身影了。"马克"I型坦克的诞生也并非一帆风顺,直到"马克"I型坦克研制的最后阶段,斯文顿才最终说服了陆军部与海军部共同进行研制。1916年,英军组建了第一支坦克部队,指挥官就是已升为将军的斯文顿。

## 世界第一种坦克

1916年9月,英军统帅部将首批生产的49辆"马克"I型坦克悉数投入战场。但因机械故障,最终抵达前线仍能使用的只有区区32辆,从这点足可见当时的"马克"I质量是何等低劣。尽管如此,1916年9月15日,在法国的索姆河前线,当英军的32辆钢铁怪物以每小时6000米的速度向铁丝、堑壕

🔊 "马克"I型坦克

20世纪60年代以前,坦克多按战斗全重和火炮口径分为轻、中、重型。轻型重10—20吨,火炮口径不超过85毫米,用于侦察、警戒。中型重20—40吨,火炮口径最大105毫米,用于随行装甲兵作战。重型重40—60吨,火炮口径最大125毫米,用于支援中型坦克战斗。

兵器解密

密布的德军阵地开进,并向因恐慌而四散逃命的德军士兵喷吐着火舌,很快就突破德军防线时,所有的人还是被这些大家伙的气势震慑住了。英军取得了这场战斗的胜利,在"马克"I坦克的协助下,其伤亡人数只有过去的1/20。不过,作为第一种型号的坦克,"马克"I型自然免不了有一些缺点。比如车内没有电台,只在车体两端布置武器,结果造成了只有一端武器可以迎敌。另外,坦克车内糟糕的环境也令作战乘员们苦不堪言。差劲的隔音性、极不规整、混乱的车内布局,以及因为封闭性太差而时常硝烟弥漫的战场上坦克车内也同样烟雾弥漫等。这些是"马克"I不可避免的不足之处,但同样成为了摆在后来的坦克设计者面前需要解决的问题。

## "大威利"

"小威利"全重约为18吨,装甲厚度仅有6毫米,配有1挺"马克沁"7.7毫米机枪和几挺"刘易斯"7.7毫米机枪,发动机功率为105马力,最大时速3.2千米,越壕宽1.2米,能通过0.3米高的障碍物。但是仅具备这些基本作战能力的"小威利"离真正在战场上发挥实力的时刻还很远,特别是其通过障碍的能力更是不能满足战场的需要。1916年初,英国方面开始对其进行改进,并推出了改良车型——"大威利",英国人还为其制定了性别,将其分为"雄性"和"雌性"两种。"雄性"装有2门口径57毫米的火炮和4挺机枪,"雌性"仅装备5挺机枪。不过两种坦

↥ 如今,只能在博物馆里看到的"大威利"坦克。

克均达到了英军方提出的越壕宽2.44米、通过垂直墙高1.37米等性能要求。"大威利"的核心部件是美国福特公司生产的农用拖拉机,它实际是个在拖拉机底盘四周用锅炉轧钢板围起来的一个大箱子,笨重的履带板甚至越过了车顶。大威利通常需要8名乘务员操作,光开车就要占用4个人。由于当时坦克上没有电台和车内通话器,震耳欲聋的噪声使得乘员只能靠手势来指挥机械手操纵转向,再加上车内温度高,车辆颠簸异常剧烈,乘员们对其抱怨很大。

### ◄ 兵器简史 ►

轻型坦克多为水陆两用坦克,主要用于空降或陆战队使用。英国曾一度把坦克分为步兵坦克和巡洋坦克,坦克的"陆地巡洋舰"的称号也即由此而来。步兵坦克装甲较厚,机动性能较差,用于伴随步兵作战。巡洋坦克装甲较薄,机动性能较强,用于机动作战。

> 1917年夏,FT17坦克开始装备部队
> 雷诺曾构成土耳其军队首支装甲力量

# FT17 轻型坦克 >>>

**法**国是继英国之后世界上第二个研制坦克的国家。1917年9月,法国雷诺公司研制成功首批坦克被正式定名为"雷诺"FT17轻型坦克,被认为是当时最优秀的坦克之一。在"一战"的战场上,其表现也是可圈可点。这种具有优秀品质的FT17型坦克,直到1939年"二战"初期,还被一些国家作为前线坦克投入战斗。

⊙ 法国自主研发的"雷诺"FT17坦克

## 设计特色

第一次世界大战期间,法国著名的"雷诺"FT17轻型坦克,凭借着7吨重的娇小身材(同时代的英国坦克重达28吨),以及出色的机动性,在那些地形复杂地区的作战中,配合步兵进攻起到了很大的作用。据说,FT17是由法国雷诺公司总裁路易斯·雷诺亲自设计的,并且首开旋转炮塔和弹性悬挂装置的先河,这成为坦克发展史上一个重要的里程碑式设计理念。1916年问世的雷诺FT17坦克,作为世界上第一台安装了旋转炮塔的坦克,为后来坦克的发展产生了重大影响。旋转炮塔的设计为坦克的发展确立了基本形态,为其顺利发展开辟了道路。这种设计使炮塔的使用更加方便、更加灵活,整辆坦克也因此变得轻便灵活,比重型坦克更易于驾驶,防护更加合理,其战术技术性能在当时可算是最好的了;但也有一些缺憾不得不说,由于坦克本身尺寸太小,因此设计者不得不考虑,为其在跨越壕沟时加了一个特别的尾部,实际上,"雷诺"FT17巨大的前轮也非常有利于跨越障碍。除此之外,FT17开创的动力舱后置、车体前设置驾驶席等设计,也为后来的坦克设计师们所采用,并一直保留到了现代的绝大部分坦克身上。

## 作战经历

"雷诺"FT17首次参战是在1918年5月31日的雷斯森林防御战。这次战斗中,法军出动了21辆"雷诺"FT17坦克,用作支援步兵作战,并且取得了很好的战果。1918年6月4日,法军使用2个坦克营共80辆坦克,在巴黎东北的维雷科特雷地区,以连排

第一次世界大战结束后，轻型和超轻型坦克盛行一时。这些坦克与"一战时"的坦克相比，技战术性能有了明显提高。它们的战斗全重一般在9—28吨之间，最大行驶时速为20—43千米，最大装甲厚度在25—90毫米，火炮口径多为3—47毫米，有的还达到了75或76毫米。

### 兵器简史

1940年德军入侵法国时，法军还有1560辆"雷诺"FT17坦克。这些坦克大部分被德军缴获，并被用作固定火力点或用于警卫勤务，当时德国人甚至还用俘获的FT17坦克参与了巴黎巷战。这种状况一直持续到了1944年德军被逐出法国全境，才最终结束。

为单位配属步兵，向德军实施突然反击，此次作战开创了坦克连配合步兵连，独立实施协同作战的首次战例。随后它还参加了著名的马恩河战役，也取得了非常不错的战绩，表现不俗。虽然"雷诺"FT17自身拥有诸多优点，但由于在设计之初对维护和修理考虑不足，导致该款坦克经常在战场上出现故障而不能继续参加战斗。尽管如此，"雷诺"FT17轻型坦克仍然被各国所看好，并被二十多个国家所购买。到第一次世界大战结束时，FT17已经成为当时世界上装备数量最多、装备国家最多的坦克。"雷诺"FT17轻型坦克从1918年服役到1944年，长达26年，参加了两次世界大战，这一经历足以使其作为一代著名战车而载入世界坦克发展史。

## 结构性能

"雷诺"FT17坦克在当时世界各国坦克设计中可谓是独树一帜，并且在很难达到的理想设计与作战需求之间取得了很好的平衡。其总体设计为：发动机、变速箱、主动轮在后，驾驶等操纵装置在前，而且只需1名驾驶员即

可。其炮塔位于车体中前部，占据了全车的制高点，并且可以通过手动进行360度旋转。这一设计大大提高了车长的视界，使车长能够观察到的范围变得非常开阔，更重要的是它很大程度上提高了坦克的火力反应及速度。"雷诺"FT17轻型坦克有四种基本车型：第一种装备8毫米机枪1挺，配子弹4800发（也有说法认为是5400发）；第二种车型装备了37毫米短管火炮，配弹237发；第三种为通信指挥车，该车型取消了炮塔，装有一个固定装甲舱，并配备了一部无线电台；第四种车型装备的是一门75毫米加农炮，但这个型号的FT17未能装备部队。1917年9月，雷诺公司开始生产FT17坦克，并于1920年开始对其进行改进。FT17的改进型号主要有M24/M25型，其改进主要在于坦克的行动部分，如加大了负重轮的直径，加装带橡胶的履带，采用高弹性的悬挂装置等。这些改进措施提高了坦克的行驶速度，使其最大速度增大为时速12千米。而另一改进型M26/27型，则换装了更大功率的发动机，最大速度达到了时速16千米，行程为160千米。

"雷诺"FT17坦克外观

兵器知识

> M3A1是"二战"初期美军的主要作战力量
M3坦克变型车有指挥车、扫雷坦克等

# "斯图亚特"坦克 >>>

"一战"时期,"斯图亚特"坦克是美国以及其盟国在战场上使用最广泛的轻型坦克,从欧洲的辽阔大地到北非的茫茫沙漠,从菲律宾的城市乡村到东南亚的热带丛林以及大小岛屿,几乎都可见其踪迹。除装备美军外,它还被用于装备英军。在租借法案推广下,它更被陆续提供给苏联、法国、葡萄牙等国广泛使用,为盟军取得战争胜利立下赫赫战功。

## 名字由来

"斯图亚特"坦克早在20世纪30年代,就已经开始在美国进行研制了,在后来的发展中,它产生了多种型号。1940年,当战火在欧洲大陆熊熊燃烧起来后,美国人对其早些时候的M2轻型坦克失去了信心,他们期待一种更重的轻型坦克来作为战争武器,M3斯图亚特轻型坦克就是在这样的背景下应运而生的。1941年,M3"斯图亚特"坦克进入大规模生产,共制造了大约6000辆。其中许多被交付给了苏联红军和英国陆军。在欧洲战场作战的M3坦克被英军以美国

⬆ M3"斯图亚特"坦克

南北战争时期的名将斯图亚特的名字命名,在英国,它甚至还有一个叫"甜心"的非官方昵称;而通常情况下,美国陆军方面都是以"M3轻型坦克"和"M5轻型坦克"作为它们官方的名称。

## 主要结构

M3坦克是美国人在M2轻型坦克基础上,对其进行整体升级后产生的。"二战"初,美国以1938年推出的M2A4轻型坦克设计进行强化,包括了更换引擎、加厚装甲、采用加入避弹设计的炮塔以及新的37毫米

### 兵器简史

1942年第一次缅北战役结束后,国民革命军部分人员撤往印度进行重编。为了活用租借法案物资,国民政府在印度组建驻印军战车训练班,并在1943年建立了驻印军战车第一营,全营使用M3A3。该营在滇西缅北战役时被编入新一军参战,并在1944年3月3日瓦鲁班战役中成功击溃日军第18师团师部。

兵器解密

M3坦克有一系列的改良车型，1941年8月开始服役的M3A1搭配了有动力旋转装置的改良型同质焊接炮台，并具有一架陀螺稳定器可使37毫米主炮于行进中进行精准射击。此外，其炮塔内部还采用了吊篮式设计。

主炮。此外，因为装甲变厚引起车身重量增加，所以设计师还对驱动轮及悬吊系统进行了相应改进。于是，经过一番改头换面后的新坦克——M3轻型坦克问世了。

M3坦克战斗全重12.5吨，装甲厚度为25—44毫米，配备了一门37毫米火炮和两挺7.7毫米机枪。最大时速为58千米，最大行程312千米，徒涉深度0.91米，可越过0.61米高的垂直障碍物，跨壕宽度为1.83米，乘员4人。M3的车身采用斜面设计，并将驾驶舱盖移到上方，但车身由于过高且有许多棱角，给对手的射击留下很多空隙。

## 战场表现

1941年11月，大约170辆"斯图亚特"坦克参与了北非战场的十字军行动，但其表现却并不尽如人意，主要原因仍被认为是太落后于德军坦克。M3坦克最为人诟病之处在于其37毫米主炮威力太小以及其拙劣的内部配置，特别是它的炮塔的双人乘组方式。除此之外，M3过窄的履带导致坦克接触地面的单位面积压力太大也被认为是其一大缺陷之一。不过，M3也有一些值得称道之处，比如它的速度和机械可靠性深得装甲兵的喜欢。英国人对它的评价相对来说还算可以，苏联人对M3的看法则可谓一无是处，在苏联人看来，M3过于"娇气"了些。它的火力和装

甲太差先且不说，它对发动机燃料品质太过敏感更是让苏联装甲兵们怨声连连。

尽管苏联人对其意见很多，但总的来看，M3还是要优于大战初期苏联制造的T-60等轻型坦克。M3随美军第一次参加实战是在菲律宾，此期间少量的M3坦克被投入到巴厘岛战事。1942年底，当美军参与北非战事时，"斯图亚特"坦克仍是其主要的装甲武力。然而在加查拉战役后，美军发现，M3和M5完全不是德军4号和虎式坦克的对手，于是随即效仿英国，解散大部分轻型坦克营改为侦察之用。

虽然在和德国人的交战中，M3成为了虎式坦克的手下败将，但是在太平洋战场上，M3却力克日军，为自己争了一口气。由于日军的坦克数量相对较少，且火力和装甲也较弱，日军步兵也极少配有反坦克武器。在这里，"斯图亚特"坦克的威力只逊于中型坦克，真正成为了战场上的钢铁杀手。

⬆ 战场上的M3"斯图亚特"坦克

> M551 有紧凑的车身和宽阔的内部空间
> M551 采用通用公司的六缸柴油发动机

# M551 轻型坦克 ≫≫

20 世纪 50 年代末,美国陆军因为需要一种新的可用于空运的轻型坦克,用来取代正在美国空降部队服役的 M41 轻型坦克和 M56 型自行火炮,设计师们受命设计出了一种可用于装甲侦察与空降突击车,这款车的原型车编号为 XM551。1962 年,这款车的首批样车制成并于次年交付试验,1965 年,M551 投入生产,次年入役,被命名为 M551"谢里登"。

◐ M551 坦克的设计效果图

合同,并于 1962 年底制成了 12 辆样车。1967 年,部分美国装甲骑兵(侦察)营开始装备 M551"谢里登"坦克。1966—1970 年,美国总计生产该坦克达 1700 辆,主要供装甲兵侦察部队和空降师使用,同时也在联合兵种作战时为主战坦克不能展开的地区提供火力支援。1968—1969 年间,该款坦克被用于越南战争。通过战场上的实际检验,美国陆军方面发现,

## 从诞生到谢幕

20 世纪 60 年代初,冷战刚刚开始。为了继续与苏联抗衡,美国开始了一种新的轻型坦克的研制计划。美国陆军方面对当时的 M551 提出了几项基本战术要求:重量不得超过 10 吨,火力和机动性不能低于以前的轻型坦克,具备较强的装甲防护。另外还必须具备水上浮渡能力和空投能力。坦克的设计者们严格按照军方的要求交出了图纸,M551"谢里登"轻型坦克设计一出,美国通用汽车公司的卡迪拉克分部获得了这份

◑ M551 最大的优势是能用于空投,能够在最短时间里运抵战场。上图为 C−130 运输机吊运 M551"谢里登"轻型坦克的情景。

M551 在战场上急速前进

M551 的发动机传动、悬挂装置及可燃药筒均存在问题。1978 年美国宣布除第 82 空降师继续装备该款坦克外，其余部队全部停止使用。部分 M551 车辆被送往加利福尼亚等训练基地，成为试验用车。结束了短暂的战斗生涯后，"谢里登"坦克继续在训练中发挥重要作用，有时还扮演苏联装甲车的角色。

## 曾经的荣耀

M551 作为冷战时期一款比较有代表性的轻型坦克，它曾拥有太多的光环：第一种扛大炮的轻型坦克，第一种使用"橡树棍"炮射导弹的轻型坦克，第一次使用全可燃药桶等。美国陆军方面曾给予它很大希望，但是到了真正的战场上，M551 却暴露出了它的缺陷和不足。在使用中，它屡出故障，令美国军方大失所望。从 1966 年到 1970 年，

"谢里登"轻型坦克一共生产了大约 1700 辆。然而，在越南战争中，由于车底装甲薄弱，"谢里登"时常轻易就遭到地雷攻击。事实上，也有说法认为，"谢里登"坦克的车体各个位置装甲其实都很薄弱，重机枪的子弹就能轻易将其击穿。而一些装备了炮射反坦克导弹的坦克，当其 152 毫米主炮开火时还时常干扰导弹电路，更是给"谢里登"本身带来了负面影响。尽管进行了不少改进，也参与了几次大规模战争，但最后 M551 仍然落得被赶下战场，放逐到训练场的结果。20 世纪 80 年代，"谢里登"坦克从一线退役，但仍在第 82 空降师服役到了 20 世纪 90 年代中期。

## 主要性能

各种坦克虽然大同小异，但是各自的主要性能指标还是会有所不同。M551 坦克主

炮具有是 M81 式 152 毫米火炮/导弹发射管，有双向稳定器，并采用液压——弹簧式同心反后坐装置，装置了导弹发射导引轨以及发射破甲弹的专用摆动式炮闩。这门主炮既可发射带可燃药筒的普通炮弹，如多用途破甲弹、榴弹、黄磷发烟弹和曳光训练弹等，又可以发射"橡树棍"反坦克导弹。其

M551 车体底板上加装附加装甲板用于防地雷

配用的 M409E5 式多用途破甲弹威力巨大，有效射程约 1500 米，最大垂直破甲厚度达 500 毫米，并能起到破片杀伤作用。而"橡树棍"反坦克导弹全弹长 1140 毫米，最大飞行速度可达每秒 200 米，射程在 200—3000 米，最大垂直破甲厚度达 500 毫米。M551 的观察设备也比较先进，坦克车长指挥塔除了装有 10 个可供环视的观察镜，还有一个手提式夜间观察装置。炮手配置有一个 M129 望远镜和一个顶置式 M44 红外昼夜瞄准镜，车外主炮左侧安装 1 个红外探照灯。M551 的行动部分有 5 对负重轮，主动轮后置，诱导轮前置，无托带轮。负重轮为中空结构，以增加浮力，第一和第五负重轮安装了液压减振器。由于坦克履带宽度较大，极大降低了车辆的单位压力，保持了较高的车底距，且履带前端超出车首，这使

M551 具有了较好的越野能力。

## 舱体特点

M551 坦克车体由前至后，驾驶舱在前，战斗舱居中，动力舱在最后。驾驶舱位于车体前部中央，其上方设计了一扇向上开启的舱门。由于受炮塔的影响，舱门不能完全打开，但只要打开一定角度，驾驶员即可露头驾驶或者进出。舱门上有 3 具 M47 潜望镜，其中中间一具可换为 M48 红外夜视镜，这样驾驶员在夜间不需开大灯即可安全行驶。M551 的驾驶员座位可以上下调节，像很多坦克一样，其在驾驶舱底板上开有一个安全门，驾驶员在车辆遭遇危险时可从这里逃脱。开始时，这个安全门是由和车体相同的铝合金制造的，但是后来发现铝合金易变形且常会将门卡死，遂将其改为钢制。由于在车体底板上开一个口会影响车体的结构防护能力，特别是在在遭遇地雷袭击时，更易对坦克内的乘员造成伤害。所以，后来 M551 车体底板上又加装了附加装甲板，以增强地雷防护能力，而之前的安全门也就失去了用途。坦克战斗舱位于驾驶舱之后，内有 3 名乘员。在战斗室顶部是一个采用轧制钢装甲板的 3 人炮塔，设计者为了在不增加装甲厚度的前提下最大限度地提高坦克的防护性能，使炮塔具有较为复杂

### 兵器简史

1969 年 1 月，第一批 54 辆"谢里登"坦克运往越南。为了防止先进的炮射导弹落入苏联人手中，同时基于对越南的自然环境和气候条件的考虑，美国陆军方面认为在那里没有太多的机会使用炮射导弹，所以在越南使用的 M551 坦克均拆掉了导弹发射装置。

M551"谢里登"坦克最大公路速度每小时达70千米，具备两栖作战能力，可跨越0.828米高的垂直障碍，可跨越的战壕宽度能达2.54米。其装甲厚度在40—50毫米，除配备有一门152毫米主炮、一挺12.7毫米防空机枪外，还配置了一挺7.62毫米同轴机枪。

兵器解密

的结构和低矮的外形。装填手和车长分居炮塔后部左右，炮长则在车长前面。

## 装甲特点

M551坦克车体采用了当时较为流行的铝合金车体，这种合金硬度更大、弹道防护力更好。虽然在当时的技术上，铝合金的弹道防护能力仍然不及轧制钢装甲，但是采用铝合金的最大好处是降低结构重量，并可以增加装甲厚度。坦克装甲用铝合金技术发展到现在，通常是以铝合金做车体结构，外面再附上硬度较高的陶瓷装甲或者钢装甲，以达到最佳组合。

从外形看，M551坦克两侧的装甲是垂直的。而事实上，M551的正面和两侧的车体装甲均呈现出一定的倾角，之所以设计成这样是为了提高装甲自身的抗弹能力。而我们所看到的垂直结构，实则是一层重量很

🔺 M551车体采用铝合金装甲，以降低结构重量。

轻的强化塑料，并且在它和车体之间还有一层聚苯乙烯泡沫填充物。使用这种结构可以给坦克带来两个好处，一来可以增加坦克在涉水时的浮力；二来外层的蒙皮可以作为间隔装甲，提前引爆来袭的破甲弹，以防炮弹对坦克车体造成更大的伤害。

## 指挥塔特点

M551具有一个旋转式指挥塔，车长即位于旋转式指挥塔内，可以从车内观察周围的情况。指挥塔舱门为左右开启的两扇门，当舱门向上左右分开后可呈垂直状态竖起，作为防护装甲使用，此外指挥塔前方还安装了一挺12.7毫米高射机枪。

M551的指挥塔采用电动和手动旋转两种方式，其中电动旋转还分两种控制方式。一种方式为使用指挥塔内专门的控制盒，另一种方式为通过控制12.7毫米机枪指向的装置，来控制指挥塔方向（即机枪指向）。车长夜间观察用夜视仪为一具装于指挥塔机枪上方的红外夜间瞄准具，炮塔前部两侧且安装了烟幕弹。M551的炮塔转动和火炮俯仰均采用电机控制，旋转快速、灵活。

越南战争时期，部署在越南的M551"谢里登"坦克，其炮塔上时常堆积着大量设备，这也为当地的人们识别它的一大标志。

# 主战坦克

　　所谓主战坦克，顾名思义就是在战场上执行主要作战任务的坦克。坦克的分类最早只是按照其车身全重分为重型、中型和轻型坦克，后来随着现代装甲部队的不断发展和建设，坦克又开始有了新的分类方式，它们被按照用途分为了主战坦克以及特种坦克。主战坦克作为现代装甲部队的主力军，素来以强大的火力、出色的机动性和坚不可摧的防护性能著称于世。但事实上，并非所有主战坦克都是在这三者间寻求平衡，也有一些著名坦克打破了这种常规。

## 兵器知识

> 可控反应装甲具反应装甲和电子装备
> 主动防护系统包括硬杀伤和软杀伤系统

# 什么是主战坦克 》》》

**20**世纪60年代以后，多数国家遂将坦克按用途分为主战坦克和特种坦克。一般习惯上把在战场上执行主要作战任务的坦克统称为主战坦克；而把装有特殊设备、担负专门任务的坦克，如侦察坦克、空降坦克、水陆坦克、喷火坦克等，统称为特种坦克。目前，世界各国装备的主战坦克几乎都是第二次世界大战后设计和生产的产品。

### ◀ 兵器简史 ▶

坦克的隐身技术是提高坦克生存能力的重要措施，通过降低车高和红外线、雷达以及光信号特征等，可以使坦克成功进行"隐身"，不致轻易就被敌方搜寻到或进行追踪。另外，第三代主战坦克大部分车体较低、造型简洁，也非常利于使用隐身技术进行掩蔽。

### 第三代主战坦克

在坦克发展史上，主战坦克的发展受到了军事需求、作战任务、战场环境、经济条件和科学技术发展水平等诸多因素的影响。其发展历程根据生产年代和技术水平通常被划分为三代，其中20世纪60年代末至20世纪90年代初生产的属于第三代。这一时期的主要代表车型有俄罗斯的T-72、T-80坦克，美国的M1A1、M1A2，英国的挑战者2、法国的勒克莱尔以及联邦德国的豹2等。所谓的第三代主战坦克具有历史上最为强大的火力和最先进的装备，其主要武器装备为一门105—125毫米坦克炮，可发射尾翼

稳定式脱壳穿甲弹、破甲弹、碎甲弹和榴弹等，直射距离为1800—2200米。多配备有热成像瞄准仪和先进的火控系统装置，具有全天候作战能力。防护装甲多采用复合装甲或贫铀装甲，有的还装备了反应装甲，防护大大增强。战斗全重多数在50吨左右，越野速度为时速45—55千米，而且多装备了陆地导航设备。

### 火力发展

坦克火炮的威力与炮管口径大小密切相关。当前各国现役的主战坦克口径多在120—125毫米之间，这也是现代主战坦克的

⚙ 全副武装的主战坦克

主动防护系统的软杀伤系统可使来袭导弹偏离预定目标，但并不对导弹造成损伤，其构成包括激光报警接收器、烟幕弹发射器、红外干扰机和激光致盲器等。软杀伤系统受来袭弹类型的限制，其有效性对来袭导弹的类型有很大的依赖性。

标准配置，但是未来坦克可能还会安装更大口径的坦克炮。140 毫米火炮将可能成为未来坦克的主要选择之一，其具有更强的火力和更远的射程，炮口动能可增加 1 倍左右。据悉，乌克兰曾研制出一种 140 毫米口径火炮，该火炮可击穿 450 毫米厚装甲。但是并非所有人都对大口径火炮的前景表示乐观，也有说法认为大口径火炮会带来一些问题。比如就 120 毫米火炮而言，其固体发射药筒和弹头重量比例已接近 1∶1；而 140 毫米炮发射的药筒会更大，即便是采用自动装弹机也会导致携弹量不足的问题。采用加长身管也是增大火炮威力的有效途径之一，德国的豹 2A6 坦克采用的是 120 毫米滑膛炮，其炮管加长 1.3 米。但是这样做在增大了火力的同时，也给坦克带来了负面影响。比如，在越野行驶中，驾驶员、车长等甚至常常因为担心炮管触地而分散注意力，以致影响作战效果。另外，炮管过长也给坦克运输等带来困难。除此之外，采用自动装弹机和新概念火炮以及弹药等，也成为增强坦克火力的重要途径。

🔶 炮管较长的主战坦克

## 未来发展趋势

机动性是坦克的主要作战性能之一，直接影响坦克的生存和进攻能力。在未来，静液机械传动和电传动装置都将成为主战坦克的发展方向。坦克在战场上的生存能力是衡量坦克技术性能的重要指标，各国军队在这点上都格外重视。在现代战场上，坦克所面临的威胁越来越多，从单兵操作的便携式导弹、制导导弹到空对地导弹等，都具有较高精度和全天候攻击能力。这种立体化的作战方式和强攻击性武器的出现，使坦克不得不采取多样化的对抗和防御措施，以提高自身的生存能力。在装甲上下功夫仍然是各国为增强未来坦克防护性能而采取的主要手段之一。今后一段时期，采用带主动装甲、被动装甲的附加装甲将是增加坦克装甲防护能力的趋势之一。而寻求新的装甲材料，研制更坚固的装甲，则更是这一步中的重中之重；另外，将枪坦克顶部和底部防护也称为重点考虑的为题之一。坦克的主动防护系统可以探测到来袭的反坦克炮弹和导弹，并能在被击中之前通过发射防御弹药将其摧毁。随着坦克防护要求的不断提高，主动防护技术的应用也将随之加快。未来坦克还将在实现火控系统数字化和操作自动化，以增强乘员对其的指挥和控制能力。

兵器知识

> "虎"1采用700马力迈巴赫十二缸汽油机
"虎"I能轻易击穿450米外112毫米装甲

# "虎"1坦克 >>>

"一战"期间，德国研制的"虎"1坦克（简称"虎"式坦克）以其优秀的作战能力，成为军事武器史上著名的重型坦克。"虎"式自1943年首次参战，就展现出令人惊叹的强大战斗力，在当时各国研制的坦克面前傲视群雄。其大名不仅令当时的所有对手望而胆寒，即便是在时隔半个多世纪后的今天，也时常为军事迷所津津乐道，"虎"式的魅力可见一斑。

## "虎"式诞生

1941年，为了对抗德国在"巴巴罗萨"作战初期遭遇的苏联优秀坦克，尤其是苏制的T-34和KV-1两款坦克，德国人迅速研制出了"虎"1坦克。"虎"式重型坦克是由亨舍尔公司在1941年的一个设计方案基础上研发制造的，是德军第一种按照"增强坦克火力与防护力，着重牺牲坦克机动性"思想设计的坦克。"虎"式在北非战场与英军在突尼斯首次交火以后，即被部署到了各条战线，之后更参与了欧洲战场各个重要的陆上战役。性能优良的88毫米高射炮衍生型——88毫米坦克炮，为"虎"式带来了强大的火力，使得"虎"式能够在一千四百六十多米的距离上，击毁其战场上的主要对手。无论是苏制的T-34，英制的"丘吉尔"还是美制的"谢尔曼"坦克，在"虎"式的火炮威慑下，对手们都变得畏首畏尾。尽管苏制的T-34坦克能够在460米以内的距离上顺利击穿"虎"式的侧面装甲，但是面对"虎"式足100毫米厚的坚实的正面装甲，T-34坦克72.6毫米主炮却也是无能为力，无论怎样都无法击穿"虎"式的钢铁外壳。有威力强大的火力和牢不可破的"铁布衫"护身，德军的"虎"式坦克在"二战"的战场上冲锋陷阵，大

德国的"虎"1重型坦克

炮塔正前方装甲也只有50毫米。相比4号的装甲厚度，"虎"1的这身钢甲战衣可谓是真正的金钟罩铁布衫了。这样的厚度对于抵挡"二战"时期的大多数近距离作战中的敌方炮弹，尤其是来自正面的反坦克炮弹绰绰有余。"虎"1的炮塔

1943年被盟军俘获的"虎"式坦克，现今只能待在展馆里，静静回想当年的时光。

展雄威。

## 最大特点

德国对重型坦克的研制早在20世纪30年代就已经开始，但是没有计划生产，而真正促成"虎"式坦克诞生的则要到"二战"开始以后，德国坦克与苏制T-34坦克的交战。早期德国的大部分坦克，在设计上多强调机动性、防护和火力三方面的最大平衡。但是"虎"式打破了这一理念，它更加着重火力和装甲，而牺牲了机动性。尽管大体上的设计和外型类似之前的4号坦克（中型坦克），但"虎"式坦克的重量却是4号的两倍。重量的增加主要来自于更厚的装甲，大口径火炮，以及随之产生的庞大的燃料和弹药储存空间、较大的引擎、更坚固的传动及悬吊系统。

## "虎"1的"铁布衫"

"虎"1坦克的车体前方装甲有100毫米厚，而炮塔正前方的装甲更是达到了110毫米，其两旁和背面也有80毫米厚的装甲。然而，当时仍然被定位为主战坦克的4号坦克，其车身前方装甲则仅有80毫米的厚度，

四边接近垂直，炮盾和炮塔的厚度几乎相等，因而使得对方要从正面贯穿"虎"1坦克的炮塔几乎不可能。不过在近距离情况下，"虎"1车身两边和车顶则较容易受到损伤。因为"虎"1坦克车顶的装甲只有25—40毫米厚，和当时大部分的中型坦克没太大分别。"虎"1坦克大部分的装甲角度是垂直的，并通过榫接结构与其他结构相连接。装甲采用焊接而并不是铆接，且焊接点品质很高，这大概是得益于德国严格的工艺制造要求。为了便于制造和生产，"虎"1的外型设计极为精简，在沿着履带的上方仅设计了一圈长盒型的侧裙。

## 机动性

虽然为了增强防护和火力，"虎"1牺牲了部分机动性，但是这并非说"虎"1的机动性就差得不值一提。55吨的重量使得"虎"1坦克对多数桥梁而言显得过重，因此它被设计成可以涉水4米深。这样的涉水要求使得"虎"1必须具备特殊的机制来透气和冷却，为此，"虎"1的炮塔和机枪被固定于前方位置并且密封，而且在坦克后部设置了高高升起的一只大型呼吸管。但是这样的

🔊 俄罗斯军事历史博物馆的"虎"1坦克

潜水系统设计仅出现在初期的将近500辆"虎"1坦克上,所有的后期型"虎"1坦克都只能涉水2米。"虎"1的履带非常宽,达到了史无前例的725毫米。由于铁轨运输有尺寸大小的限制,这可能会给"虎"1坦克的铁路运输带来极大不便。设计者们考虑到了这一点,在坦克外侧负重轮上做了一些特别设计。当需要被运输时,"虎"1坦克外侧的负重轮必须被卸下且更换成较狭窄的520毫米履带,不过这个程序可是给"虎"1的坦克乘员带来了不少麻烦。为了照顾好自己的"虎"式,即便是最优秀的坦克乘员也得花上20分钟来完成这个环节。"虎"1的最大公路速度为每小时38千米,这个速度比绝大多数的中型坦克都要慢。其攀越垂直障碍物的高度可达0.79米,越壕宽度为1.8

米。由于"虎"1负重轮间存有较大间隙,因此常因下雪或泥土导致两轮子被冻结在一起致使履带被卡,而令"虎"式动弹不得。这在天寒地冻的苏联战场时常可见。为了解决这一问题,"虎"1后来被装备了新的全钢制负重轮。

## "虎"1的内部布局

"虎"1坦克通常共搭载5名成员。前方是开放乘员组隔间,驾驶员和无线电操作员分别坐于前方齿轮箱两侧。在他们后面的地板区内,绕着炮塔底板围拢了一个连续的平实表面,这让装弹手可检查放在履带上方隔间内的弹药数。坦克车长和射手两个人坐在炮塔内,射手在主炮的左侧,车长位于射手后面,而装弹手则有一个折叠的位子在炮塔内。"虎"1的炮塔采用垂直设计,从炮塔底板到车顶有157厘米高,这在众多坦克里边算是比较宽敞的了。不过一旦装满了92发88毫米炮弹后,这个空间仍略显不足。由于炮塔本身装甲的重量较大,再加上大型主炮的影响,致使将近11吨重的炮塔旋转起来费力而且缓慢,平均自转一圈大概得要一分钟。"虎"1的主要动力来源由引擎供给动力的液压驱动系统推动,不过因为"虎"1引擎时常因为过热导致故障或者起火,所以"虎"1也设计了手动系统,当引擎熄火时,就得靠手来转动了。

## 设计缺陷

虽然"虎"1坦克一直被认为是第二次世界大战中,重武装和重装甲类型坦克的典型代表,是盟军坦克的一名强大对手,但是其在设计上过于保守且有一些严重缺点,也

　　战场上，德军坦克被俘的情况较少，因为多数时候都是被自行放弃的。1943年，一辆德国"虎"1(炮塔编号131)在突尼斯与"丘吉尔"坦克交战后被俘获。这辆"虎"1在突尼斯维修并展出，后被送至英国接受检验。1951年，这辆坦克被英国物流部正式移交到英国一家坦克博物馆收藏。

兵器解密

　　是一个不争的事实。苏制T-34坦克倾斜钢板装甲的设计具有较好的防弹能力，这一明显优势并未被"虎"1的设计者们所借鉴，"虎"1仍采用了水平的钢板面。为了追求装甲结实，导致装甲重量增加，而这个增加的重量则给坦克的悬吊系统带来巨大负担，导致于维修困难。

　　复杂的设计带来的高成本，令"虎"1的大量生产成为了一个难以逾越的困难。所以也有人认为，相比美国人更经济实用的"谢尔曼"坦克，其在数量上的领先让德国人"虎"式坦克的诸多优势陷入了尴尬之地。从最初投产到1944年停产，德国的"虎"1总共仅生产了1350余辆，比起美国、苏联好几万的"谢尔曼"、T-34坦克数量，这个对比实在是天壤之别。

　　力、更高的杀敌率。不过也有说法认为，"二战"时期一些"豹"式坦克所击毁的盟军坦克在数字上也几乎和"虎"式打成平手。无论是在当时的东线或者西线战场，"虎"1的作战成绩都表现得非常优异。

　　有一个例子说，在1944年诺曼底登陆期间，曾有1400辆各式德国坦克在诺曼底，与估计大约有6000辆在装甲、机动力和武备上都比德军略逊的盟军坦克交战。这其中，就有不少"虎"1坦克。据战后统计，盟军方面在此役中约有3∶1的损失率，而这个还是在盟军动用大量航空兵前提下取得的战果。然而，强大的"虎"1最终还是在数量不济的情况下，逐渐退出了战场，被"虎"2(即"虎"王坦克)所代替。

## 优秀的作战能力

　　比起德国历史上的其他坦克，"虎"1一个最为标志性的特点就是它优秀的作战能

➡ "虎"1坦克是第二次世界大战中纳粹德国使用的一款著名重型坦克

兵器知识 > M26 的变型车有 M44 装甲运输车等
M26"潘兴"主炮为 90 毫米 M3 型坦克炮

# M26"潘兴"坦克 »»

> M26"潘兴"坦克是诞生于美国第二次世界大战和朝鲜时期的重型坦克，它以第一次世界大战时期的美国名将约翰·潘兴的名字命名。美国著名的"巴顿"系列坦克在冷战时期大出风头，而 M26"潘兴"坦克则被认为是"巴顿"坦克的先驱。没能在"二战"期间建功扬名的 M26"潘兴"坦克，在战争结束后的一些局部战争里却是建立了诸多战功。

◗ M26 的"超级潘兴"型抵达欧洲后，其前装甲有额外增加。

强大的 90 毫米反坦克炮，令潘兴坦克在战场上挽回了美国人的面子。1944 年诺曼底登陆以后，盟军展开了大规模反攻。但是，以 M4"谢尔曼"中型坦克作为战斗主力的美国陆军在战斗中明显处于劣势，M4 系列坦克难以胜任与"豹"式和"虎"式对抗的重任。1945 年潘兴坦克的研制成功，这才让美军与德军的坦克战斗力处于一个水平线上，并在诺曼底登陆以后的大规模坦克战中发挥出了威力。

## 产生背景

当 M4"谢尔曼"坦克在战场上与德军的豹式和虎式一交手，美国人就立即意识到了自己的装甲车所具备的种种不足。为了能更好地在战场上和敌军作战，美国陆军对研制一种活力更强大、装甲更优良的重型坦克有了迫切需求。虽然在设计上耗费了颇长时间，但 M26"潘兴"坦克还是在战争后期参与了实战。自身良好的装甲防护以及威力

## 参战经历

1942 年，美国有三种型号的中型坦克处于生产状态：M3 中型坦克已经被装备于英国部队，在北非投入战斗，并被英国人命名为"格兰特将军"；同时，M4 中型坦克也走上组装线，并逐步取代 M3，并在后期的北

M26坦克的车体为焊接结构，其侧面、顶部和底部都是轧制钢板，而前面、后面及炮塔则是铸造的，这样的防护结构较之美国此前的各款坦克有了很大改观。M26"潘兴"坦克的90毫米火炮主要配用曳光被帽穿甲弹、曳光高速穿甲弹、曳光穿甲弹和曳光榴弹。

### 兵器简史

首批M26"潘兴"坦克曾装备了美国陆军第1集团军下属第3和第9装甲师，并在1945年3月7日攻占莱茵河雷马根大桥的战斗中表现出色，可谓是立下了汗马功劳。在1950年朝鲜战争爆发时，M26被用作美军的标准坦克之一。20世纪50年代，一些北约国家的军队也装备了该款坦克。

非战场参与战斗，而服役于英军的M4坦克还参加了阿拉曼战役；另外，M7轻型坦克在改进了尺寸和火力后，也变得更为强大，并且被重新归类为中型坦克。但M7坦克于1942年12月开始生产，不久即宣告停产，因为其性能未能表现出比M4中型坦克更为优越之处。

M26"潘兴"坦克于1945年问世，最初被认为是美军所研发成功的第一种重型坦克。然而时隔不久美军又改变标准，将M26归类为中型坦克。M26"潘兴"车重41.9吨，装甲厚度在25—110毫米。比起高大的M4"谢尔曼"系列坦克，M26低平而良好的防弹车形更具现代色彩，它的主炮威力和装甲厚度也比以往所有的美国坦克，有着飞跃性的提高。但是这种设计比起第二次世界大战时期德军的"虎"式、"虎"王

等重型坦克，显然仍然有一段差距。M26在欧洲战场参战接近尾声时，美国陆军只有第3和第11装甲师配备了310辆，太平洋战场上则更是推迟到了1945年2月的硫磺岛战役中才参战。战争结束后，美军装甲部队进行重编，M26坦克在美军中继续服役并被改良成M26A1。

## 实力展现

1950年朝鲜战争时期，大量M26坦克运抵韩国。这批坦克被以一个69辆的混编坦克营编制，分配给了6个美军步兵师以及1个美军海军陆战队步兵师。另外，每个步兵团还会分到一个连22辆坦克作为支援。

由于韩国地形破碎且公路较少，不利于开展坦克的集群攻势，美军采取了将装甲部队退回"一战"时期步兵支援地位这样的战略方针。正是在朝鲜战场上，M26才真正发挥了自己的实力。

🔺 M26"潘兴"坦克

> M60 主炮加装了隔热套管延长炮管寿命
> M60 的变型车有装甲架桥车、工程车等

# M60 主战坦克 》》

**M**60"巴顿"系列坦克是美国陆军第四代也是最后一代的"巴顿"系列坦克,此前的 M46 坦克、M47 坦克、M48 坦克均属于"巴顿"坦克的不同的系列。M60"巴顿"在冷战时期主要当做主战坦克使用,该系列坦克家族在 M48 基础上改进而来,曾参与了 1973 年"赎罪日战争"以及 20 世纪 90 年代初"沙漠风暴"等局部战役。

## 主要性能

美制 M60 坦克于 1956 年开始研发,它由通用汽车公司制造,于 1960 年入役,共有 A1 到 A3 几个改进型。由于是由 M48 改进而来的,所以 M60 原型车不可避免地保留了 M48 系列的一些设计特色,比如铸造式龟壳型炮塔,车体和炮塔均为整体浇铸结构等。但与此同时,M60 的铝合金路轮、105 毫米炮、M19 车长观测塔、柴油引擎等则是 M48 所没有的特征。与 M48A2 坦克相比,M60 的不同之处主要是采用了新的 105 毫米火炮、改进型火控系统和柴油机等,从而使火力加强,

装有火焰喷射器的 M60"巴顿"

最大行程大为提高。M60 的主要武器为一门口径 105 毫米线膛炮,配用稳定脱壳穿甲弹、空心装药破甲弹、白磷烟幕弹等。另还有一挺 12.7 毫米机枪,以及一挺 7.62 毫米同轴机枪。其火控系统包括机械式弹道计算机、合像式光学测距仪、主动红外夜视瞄准镜等;动力装置为风冷涡轮增压柴油机,配用液力机械传动装置,行动装置采用扭力轴独立悬挂;防护系统为个人或三防装置。

## 主要结构

M60 系列坦克是传统的炮塔型主战坦克,其结构分为车体和炮塔两部分。其中 M60A1 车体用铸造部件和锻造车底板焊接而成,分为前部驾驶舱、中部战斗舱和后部动力舱 3 个舱,动力舱和战斗舱用防火隔板分开。驾驶员位于车前中央,驾驶舱设计了单扇舱盖。舱盖中央支架上可安装 1 具 M24 主动红外潜望镜用于夜间驾驶,在驾驶舱底板上开有安全门,方便情况危急时驾驶员及时逃离。M60 系列坦克的炮塔为整体式铸造,位于车体中央,其 3 个改进型车的炮塔

以色列陆军曾装备了不少 M60A1 和 M60A3 坦克及小量 M60 装甲架桥车等，并曾对该系统坦克做了一些改进，包括在大部分主战坦克上安装"布拉泽反应式装甲"，增强防护；将大多数 M60A1 坦克车长指挥塔，改换成以色列制造的乌尔旦低矮的车长指挥塔等。

前部较尖，且采用了细长的防盾，并在外部后方设计了储物筐篮。M60 的装填手位置位于炮塔内火炮左侧，车长和炮长居右侧，装填手配有 1 具可360°旋转的潜望镜。其车长指挥塔可手动旋转360°，并且指挥塔四周装有 8 具环视观察镜。此外，坦克乘员舱内还装有加温器。当坦克进行潜渡时，需要在车长指挥塔

一架 M60A1 装甲架桥车正在架起其活动桥

上架设 2.4 米高的潜渡通气筒。另外，M60还在车体前部留有安装推土铲的装置，以便用于准备发射阵地或着清理障碍。

## M60 家族成员

M60A1 是 M60 系列的第一种改进型坦克。在装甲外形上，M60A1 采用了长鼻式炮塔，有较好的避弹外型，并备有火炮双向稳定器和潜渡设备等，于 1962 年开始生产并装备部队。为了进一步加强主战坦克的

> **兵器简史**
>
> M60A3 坦克曾广泛出口至澳大利亚、意大利（进行许可生产）、北非以及许多中东地区的国家。目前，该型号坦克仍有不少在非洲和中东国家服役。M60A3 坦克自从 1960 年首次部署以来，在大约 20 个国家或地区的陆军中服役。大量 A3 坦克曾参与了 1991 年的海湾战争。

远距离火力，1964 年前后，美国开始在 M60A1的基础上研制 M60A2。M60A2 的主要变化是改装了一架新的炮塔，以及一门 152 毫米口径两用炮。M60A2 的样车于 1965 年底完成，首批 M60A2 坦克于 1972 年装备部队并用于训练。目前该坦克已从美国陆军退役，大多数 M60A2 后来的命运是被改造成其他车辆，如架桥车、战斗工程车或障碍清除车等。M60A3 坦克是 M60A1 的改进型，于 1971年开始研制，1979 年开始交付使用。A3 坦克最为人称道的是其先进的激光火控系统和热成像系统，该型号坦克融合了大量当时的先进技术。除了前述的激光火控系统等，新型的测距仪和弹道计算机，以及一个炮塔稳定系统也是其高科技含量的体现。20 世纪 80 年代初，美国陆军花费巨款将所有的美制 M60 系列坦克，均按照 M60A3 的标准进行了升级。

> M1A1后,M1坦克均装备120毫米滑膛炮
> M1变型车有架桥车、扫雷车、抢救车等

# M1 主战坦克 》》》

**20**世纪80年代后,美军的M1"艾布拉姆斯"主战坦克在M60之后,将美国坦克带入一个新的阶段。它逐步取代了M60巴顿系列,成为1980年以后美国陆军和海军陆战队主要装甲力量。自从在1980年左右发展起来,其家族又相继诞生了M1、M1A1、M1A2等成员,并装备了全新的装甲和电子设备。这些最新科技的应用,令M1如虎添翼。

🔺 美国 M1"艾布拉姆斯"坦克

### 诞生背景

1963年,美国和联邦德国开始联合研制70年代的主战坦克,即MBT-70,并于1967年各自展出样车。后来因为两国在设计上存在分歧,加之成本较高,联合研制最终破产。后美国在MBT-70基础上开始研制新的XM803坦克,但因其样车结构过于复杂,成本过高,被国会否决。在经历了几番波折后,美国陆军方面提出了研制XM1坦克的计划,并于1972年初成立了一个由使用单位、研制单位和陆军参谋部等组成的特别任务小组,正式开始了XM1坦克的研制工作。

在总结了MBT-70和XM-803两车失败的经验后,该坦克研制初期就在研制和制造成本,以及提高战车性能等方面提出了严格的要求。美国陆军方面对此列出了多达19项的具体设计要求,陆军特别强调了乘员的生存力,其次才是观察和捕捉目标能力及首发命中率等要求。这一要求完全符合现代坦克的发展趋势之一,即对提高乘员生存力的极大重视;为了尽可能达到军方的要求,XM1坦克在设计时采用了新的防护配置和现代火控系统。又根据1973年的中东战争经验,对设计要求做了部分修正,如要求增大战斗行程、加强侧面防护、改进车内弹药储存等。

### 研发过程

1973年初,特别任务小组提出的XM1研制大纲获批。这年6月军方分别与通用汽车公司和克莱斯勒公司签订了研制样车合同，1976年1月底两辆样车完成，并在阿伯丁试验场进行了对比评价试验。结果，克莱斯勒公司的样车获胜，随之与陆军方面签订了制造11辆样车的合同。此后，XM1坦克的研制工程全面启动。这项工程历时36个月，1979年11月全部完成。在此期间，克莱斯勒公司为陆军制造了11辆样车，1978年2月开始对样车进行第二阶段的性能试验和使用试验。M1样车在各种气候和模拟战场条件下进行了试验，试验内容主要有机械拆卸和维修；各种机动性试验；武器试验和环境试验。与此同时，利马陆军坦克修配厂也被改造为M1坦克的第一制造厂。1979年5月，利马坦克厂受命开始生产第一批110辆XM1坦克，并于1980年2月完成了头两辆生产型车。为纪念原陆军参谋长，格雷夫顿和著名的装甲部队司令艾布拉姆斯将军，陆军特意将该坦克命名为"艾布拉姆斯"主战坦克。

## 结构特点

M1坦克是典型的炮塔型坦克，有4名乘员。车体前部是加强舱，中部是战斗舱，后部是动力舱。驾驶员位于车体前部中央，配有3具整体式潜望镜。关窗驾驶时，驾驶员需半仰卧操纵坦克，夜间驾驶时可把中间的潜望镜换成微光夜间驾驶仪。燃料箱和弹药用装甲板隔离在驾驶员两侧。M1的旋转炮塔低矮而庞大，采用焊接件方式安置在车体中央，几乎与车体一样宽。M1车体的其他部位也都采用焊接方式连接而成，全部车体主要铸件只用了3块。其装甲厚度最厚达125毫米，最薄为12.5毫米。车体前上方的装甲钢板厚度自下而上逐渐增厚，为50—125毫米。炮塔内有3名乘员，装填手位于火炮左侧，车长位于右侧，炮长在车长前下方。装填手舱门上安装有1具可旋转的潜望镜，舱口有一环形机枪架。车内电台安装在炮塔壁左侧，便于装填手操作。炮塔内弹药大都放在炮塔尾舱内，装填手用膝盖即可通过控制一个杠杆来打开尾舱装甲隔门。尽管如此，M1上仍配备有应急机械闭锁装置。炮塔上的车长指挥塔外形低矮，可360°旋转，四周有6个

进行射击演习的M1"艾布拉姆斯"主战坦克

观察镜，指挥塔外部有 1 挺高射机枪。炮塔后部装有 2 根电台天线和 1 个横风传感器。车内采用的油冷式发电机由传动装置驱动，与 6 个 12 伏蓄电池串并联连接。M1 坦克也安装了潜渡装置，此外，在其车首还可安装新的推土铲，以完成推土和清理阵地等任务。

🎧 全副武装行进中的 M1A1 坦克

## 主要武器

M1 坦克的主要武器是 1 门 105 毫米线膛炮，该炮由于改进了摇架结构，并将摇架重量减到 115 千克，从而减少了其在炮塔内所占有的空间。反后坐装置也加以改进，带有液压驻退机和同心式复进机，并装有可测量炮管弯曲的炮口校正系统。M1 坦克采用了指挥仪式数字式坦克火控系统，其光学主瞄准镜与火炮/炮塔相互独立稳定，火炮/炮塔受电液驱动，可随动于主瞄准镜。在正常工作条件下，炮长用主瞄准镜捕获目标，炮长的火控指令和自动弹道传感器的弹道修正数据同时输入弹道计算机，计算机解算弹道并控制火炮和炮塔的转动从而使火炮稳定地瞄准目标。该火控系统使 M1 坦克具有在行进间射击固定目标和运动目标的能力。M1 的主炮右侧安装有 1 挺 7.62 毫米并列机枪，在炮塔顶装填手舱口处安装了 1 挺 7.62 毫米机枪，该机枪旋转范围为 265°，俯仰范围为 −30°— +65°。而车长指挥塔上安装的 12.7 毫米机枪，可 360° 回转。M1 车上的机枪进行回转时，可电动或手动操作，俯仰操作为手动。

## M1A1 坦克

M1A1 坦克于 1984 年 8 月 28 日定型，1985 年 8 月开始生产，1986 年 7 月正式装备部队。该坦克装备了火力更强大的 120 毫米滑膛炮，增装了集体三防装置。由于主炮的改变，M1A1 主炮还重新设计了防盾和炮耳轴。为适应主炮的改变，火控计算机的弹道参数和炮长主瞄准镜的分划线也被做了相应调整。此外，7.62 毫米并列机枪的机枪架和供弹系统也被重新加以设计，以消除对 120 毫米火炮炮尾的干扰。M1A1 的三防装置在乘员舱增装了新的增压集体三防装置。增压装置安装在车体左侧炮塔突出部内，可

### 兵器简史

1991 年的海湾战争中，"艾布拉姆斯"主战坦克曾击溃伊拉克的 T-72 坦克而自己无一损伤。在 2003 年的伊拉克战争中，参战的 M1 坦克仅有少数几辆被摧毁。M1 和 M1A1 坦克曾大量装备于美国陆军和美国海军陆战队，以及埃及、沙特阿拉伯和科威特等国家的陆军。

*M1坦克采用"乔巴姆"复合装甲，使其成为有史以来最为严密的美制坦克。相比柴油机，它的燃气轮机有着更小的体积，而且更便于使用。但因为需要额外的燃料，也占用了车内的一定空间。但是其装备的先进的热成像系统、激光测距仪等设备则使它具备了强大的火力。*

兵器解密

由车长或装填手控制。从1988年6月开始，美国新生产的M1A1坦克开始采用贫铀装甲。贫铀装甲的安装部位主要集中在坦克车体的前部和炮塔，贫铀装甲一般被安装在两层钢板之间。这种新式贫铀装甲的密度是钢装甲的2.6倍，其强度可提高到原来的5倍，令坦克防护力大为提高，并对动能弹和化学能弹的攻击起到了很好的防御作用。

## M1A2坦克

该坦克是M1A1第二阶段的改进型车。车长独立热像仪是M1A2的主要特征之一，该独立稳定式热像仪具有猎潜式瞄准镜的目标捕捉能力，大大提高了坦克在能见度很低（尤其是在黑夜和烟幕）情况下的作战能力。M1A2的车长指挥塔进行了重新设计，不仅安装了改进型周视潜望镜以及较大的舱口和机枪座圈等，并取消了高射机枪的电动和手动操纵机构。M1A2还装备了最新的CO2激光测距仪，该测距仪扩展了测距范围，而且具有更强的穿透烟幕和尘烟能力，且不会对人眼带来伤害，用驾驶员热观测仪取代现装备的驾驶员微光驾驶仪。除了这些，据说还有一些最新的科技也将被应用到M1A2身上，比如战场管理系统（简称BMS），以及能够进行敌友识别的装置和提高生存力的装甲外壳等。

M1A2装备的先进光学仪器即使在黑夜也可顺利行进

> T-72 的变型车有指挥车、装甲抢救车等
> T-72 主动红外线夜视仪有效范围800米

# T-72 主战坦克 >>>

由苏联在 1967 年开始研制的 T-72 主战坦克，除了大量服役于苏军，也大量外销和授权华沙公约盟国生产。1977 年 11 月苏联十月革命 60 周年阅兵式上它首次亮相。低廉的价格、易于操纵和维护，具有多种用途的特点，使 T-72 在出口市场上取得了成功。不过因为装甲薄弱、功能较少、火力不足等弱点，也大大地削弱了其在战场上的战斗力。

## 诞生过程

20 世纪 60 年代中期，苏联为了取代老旧和性能落伍的 T-55 和 T-62 坦克，开始着手研发一种据称是造价低廉且与 T-64 性能相近的坦克，以大量配发给红军部队和外销给华沙公约组织各盟国。T-72 的研发工作由此开始，它以 T-64 的设计为基础，在炮塔上改为采用铸造均质装甲，并且安装了一台大马力的柴油发动机。T-72 最初的原型车较之 T-64 坦克在重量上增加了 5

吨，这对坦克自身的悬挂系统造成了额外负担。设计师们采用 167 项目的悬挂系统，解决了这个问题。1971—1973 年间，T-72 坦克经历了一系列的野外测试，于 1973 年开始装备部队，并被正式命名为 T-72"乌拉"坦克。

## 武器和火控系统

T-72 的主要武装是 125 毫米滑膛炮，这款火炮也大量被装载于苏联坦克如 T-64 和 T-80 上，它能发射尾翼稳定脱壳穿甲弹、

🔘 T-72 主战坦克侧图

T-72坦克最大公路速度为每小时80千米，徒涉深度1.4米，可攀越0.85米高垂直障碍物，越壕宽度为2.8米。T-72可以在数分钟内完成准备工作，以进行深水徒涉。此外，它还具备完全的核生化防护能力。

兵器解密

破甲弹、破片榴弹与反坦克导弹。由于此前的T-72系列坦克没有配备发射导弹所需的导引套件，所以T-72的反坦克导弹功能是从T-72B开始才具备的。T-72的主炮具有双轴稳定，这使得T-72能够在行进间进行瞄准射击。不过因为T-72的火控系统过于简陋，所以其远距离命中率表现并不理想。

## 防护装甲

T-72的主要防护采用的是复合装甲，主要防护措施是在铸造钢铁或轧压钢板之间放入异质材料的夹层。最初的T-72只有以均质铸造钢铁构成的炮塔，改进型的T-72A的炮塔厚度在以前基础上稍微有所增加，T-72B的炮塔厚度增加幅度则较大，另外车身正面也额外增加了硬度较高的钢板。苏联在20世纪80年代开始研制爆炸反应装甲，此后车身披挂上大量反应装甲，成为苏联坦克的一大特色。T-72除了复合装甲与反应装甲，还在橡胶侧裙上包覆了一层钢板，以使车身侧面在应对反坦克武器时，形成装甲的自我保护。2006年，俄罗斯公开展示了使用一种最新伪装套件的

🔊 用于驾驶训练，拆除了炮塔的T-72坦克。

T-72BM坦克，这种伪装技术能降低坦克散发的惹信号与雷达波反射，使坦克在热成像仪或雷达中更不容易被探测到，对坦克起到了非常好的间接防护作用。

## 不足之处

由于T-72坦克的自动装弹机炮弹是存放在炮塔底下的圆形转盘中的，当这里面的弹药被点燃引爆后，往往会造成炮塔被炸离车体的严重后果，这一点也是T-72众所周知的一大缺陷。不过，因为T-72的分离式炮弹采用的是水平储放的方式，上面除了升降机位置以外都覆盖着一层装甲板，因此绝大多数炮弹并没有暴露在战斗室内。同时，由于这些炮弹在车体内的位置接近路轮的高度，所以除了车体侧面装甲之外的保护，负重轮也对其起到了相应的保护作用。这些设计一定程度上减轻了弹药被引爆给坦克带来的风险。T-72的另一个缺陷是由于缺乏精密的火控系统，使得射击程序不但冗长且缺乏效率，大大降低了命中率。

> **兵器简史**
>
> 　　1991年海湾战争期间，科威特陆军从前南斯拉夫接收了第一批大约200辆T-72坦克。由于参战的另一方伊拉克军队也拥有一批该型号坦克，结果双方一交战，战场上就出现了T-72同时为双方作战，在战场上敌我难辨的场面。

> T-80 是世界第一种具备燃气轮机的坦克
> T-80 在 5000 米外可命中高速移动目标

# T-80 主战坦克 》》》

T-80 主战坦克由苏联的 T-72 坦克发展而来,是苏联鄂木斯克坦克制造所研制的第三代主战坦克,于 20 世纪 70 年代中期入役苏联军队。由于 T-80 坦克一直是苏联时期以及现在的俄罗斯精锐装甲部队的标准配置,关于它的主要性能目前对各国军事专家来说还是一个争论颇多的话题。

圣彼得堡炮兵博物馆展出的 T-80 坦克

破甲弹和榴弹 3 种,它们均为分装式弹药,用自动装弹机装弹。部分 T-80 坦克还装备了"鸣禽"反坦克导弹,其导弹制导控制器钢箱安装在炮塔顶部右侧的车长指挥塔正前方,不使用导弹时可以收藏在炮塔里。通常每辆 T-80 坦克携带 2—4 枚导弹,该导弹用炮长瞄准镜跟踪目标,由火控计算机解算导弹位置及相对于瞄准线的偏差,将其转换成指令信号并修正弹道。T-80 还增加了一台激光测距仪和弹道计算机等,改进了火控系统,但仍采用主动红外型夜视设备。

## 武器系统

T-80 主战坦克生物主要武器装备是 1 门与 T-72 坦克相同的 125 毫米滑膛坦克炮,但其可发射的弹药种类比 T-72 多得多。其主炮既可以发射普通炮弹,也可以发射反坦克导弹,包括具有额外穿甲能力的贫铀弹。主炮炮管上装有与 T-72 坦克火炮相同的热护套和抽气装置。T-80 的主炮主要发射炮弹有尾翼稳定脱壳穿甲弹、尾翼稳定

## 防护系统

T-80 坦克的驾驶舱位于车体前部中央,车体中部是战斗舱,动力舱位于车体后

在指挥型 T-80 坦克车长指挥塔前的炮塔顶上，还装备了能发出调制波束的激光指示器，它由矩形装甲箱体保护着。另外，T-80 的其他制式装备还包括平时载于炮塔后部的潜渡筒和载于车体后部的自救木以及加装附加燃料桶的装置。

兵器解密

**◄━━ 兵器简史 ━━►**

T-80 坦克经历了数次升级，T-80B 即由 1892 年的第一次升级而来。20 世纪 80 年代的第二次升级，产生了装备有 NK112AT-8 型"鸣禽"激光架束导弹的 T-80U 型，最后一种改进型 T80UM-1 "雪豹"，安装了非常先进的反导弹装备。

部。炮塔为钢质复合结构，带有间隙内层，位于车体中部上方，内有 2 名乘员，炮长在左边，车长在右边，车长和炮长各有 1 个炮塔舱口。T-80 的车体正面采用复合装甲，前上装甲板由多层组成。其中外层为钢板、中间层为玻璃纤维和钢板、内衬层为非金属材料。如果不计内衬层的话，其前装甲总厚度为 200 毫米，并设计成与水平面成 22°的夹角。坦克车体前下装甲分为三层，总厚度约为 80 毫米，包括两层钢板和一层内衬层。除了复合装甲，T-80 坦克还装备了附加反应式装甲，主要集中在坦克的炮塔前半圈和车体的前上装甲部位，以及炮塔前部顶上。车体和炮塔上的反应式装甲的爆炸块总数量在 185—221 块之间，但是侧裙板上没有安装反应式装甲。与所有苏联坦克相

➲ 这辆 T-80BV 坦克带有一组大的爆炸反应装甲，这样的装甲设计更大程度上提高了坦克的生存能力。

同，T-80 可自行制造烟幕，其激光报警装置能对敌方激光测距仪等装置发出的激光进行报警。

## 推进系统

T-80 的坦克装备了 1 台新型燃气轮机，作为苏联采用燃气轮机的第一种主战坦克。该坦克的车体每侧有 6 个双轮缘挂胶负重轮（两个半轮缘用螺栓相连接），3 个托带轮，1 个前置诱导轮和 1 个有 12 个齿的后置主动轮。负重轮之间的距离不等，第二和第三对第四和第五对、第五和第六对负重轮之间的距离明显偏大，而其拖带轮则完全被侧裙板所遮掩。T-80 的履带为双销结构，履带板之间用端部连接器连接，其上有橡胶衬垫。T-80 坦克的最大公路速度为每小时 70 千米，徒涉深度 5 米，可越过 1 米高的垂直障碍，越过宽度为 2.85 米。

兵器知识

> T-90有防御核生化、烟尘过滤等装置
> T-90目前有T-90B、T-90C两种车型

# T-90 坦克 》》》

T-90主战坦克是俄罗斯研制的主战坦克,也是俄罗斯陆军现役最现代化的主战坦克。它改良自T-72坦克,但采用了T-80坦克的一些子系统,比如其火控系统等。20世纪90年代中期,超过百辆T-90坦克装备了俄罗斯远东军区装甲部队。此外,T-90也作为一种新型的坦克进行出口。

## 产生背景

20世纪80年代中期,苏联陆军为取代当时同期装备的T-64、T-72和T-80三大系列主战坦克,以达到主战坦克的型号标准化之目的。1988年,苏联在乌拉尔车辆制造厂将T-72的一个型号车进行了改进,并在该车上采用了第三代"接触"5型爆炸反应装甲,使该型号坦克的防护能力有了较大程度的提高。此后,这款车被小范围装备于

部队。1992年,俄罗斯国防部将这款改进型车重新命名为T-90主战坦克。事实上,T-90坦克的研制工作早在1990年就已经开始了,这款车于1993年在莫斯科附近举行的一次武器博览会上首次公开亮相。据俄罗斯方面介绍,T-90采用了T-72B坦克的车体和炮塔,并结合了T-80坦克的最新火控系统和其他一些特点研制成功的。由于坦克型号繁多,虽然在主要性能方面大同小异,但是各款坦克在本质上却有很大差别。这给部队燃料、备件、工具以及器材保养保障等方面带来了极大的困难,也在一定程度上造成了资源和人力上的浪费。基于这样的考虑,俄罗斯军方开始了坦克型号标准化的进程。1996年初,俄罗斯国防部决定逐步采

◆ 阅兵场上的T-90坦克

T—90 涉水测试

用 T—90 主战坦克作为制式装备。

## 火力系统

　　T—90 坦克安装了一门 125 毫米的滑膛炮，其拥有比欧美国家常用的 120 毫米火炮更强的火力。除此之外，这门主炮还具有发射尾翼稳定脱壳穿甲弹、高爆反坦克弹、破裂弹、和 AT—11 反坦克导弹等能力。AT—11 反坦克导弹是一种由炮管发射的半主动导引导弹，它装有一个中空装药的高爆弹头，有效射程在 100—5000 米。其速度之快只需 17.5 秒就能飞越 5000 米的距离，并穿透 850 毫米以下的钢板，同时它还能够锁定直升机等低空目标。T—90 的辅助武器有两种，一是 7.62 毫米并列机枪，一是安装在炮塔上的 12.7 毫米高射机枪。T—90 的 12.7 毫米防空机枪，在 2000 米的距离内，每分钟可发射 170—200 发子弹。T—90 和同时代的许多现代坦克一样，使用自动装填机。其装填机可预装 22 发炮弹，4—6 秒可装一发。

　　T—90 装弹机的工作效率，为其使用 3BM—44M 穿甲弹提供了条件。此外在发射有延迟引信的破裂弹时，装填机的自动功能使炮手有机会用雷射导引来锁定目标，这样一来更容易打到直升机或是大举消灭敌军的步兵部队。

## 结构特点

　　T—90 坦克驾驶舱位于车体前部，炮塔位于中部，炮长在炮塔左侧，车长在炮塔右侧，并且车长同时操纵高射机枪。T—90 炮塔顶端装有"眼盲式——光电反量测防御协助组件"，它包含了两具光电干扰放射器、四具激光感应器。一旦发觉被激光照射时，会发射能阻绝激光的烟雾弹。烟雾弹能够在 3 秒内产生持续 20 秒的烟幕，误导敌方导弹。为改进俄制坦克的夜视能力，T—90 的车长和炮手都拥有热像仪，最大有效视距大约为 3700 米。为了避开敌方雷达侦查，T-90 的车身被涂上了一种防雷达探测层。T-90 坦克的火控系统被命名为"珀费克特"。它包括一台激光测距仪和一部炮长热瞄仪。总之，T-90 坦克是苏联（俄罗斯）自 T-54B 主战坦克以来第一种没有安装红外探照灯的坦克。

## 三层防护系统

T-90 坦克最引人注目的是它所采用的，完美无缺的防护系统，它是有史以来第一种拥有"三层"防护系统的坦克。所谓"三层"防护是指：先进的复合／多层基本装甲、第二代反应装甲、全自动"防御支援系统"。装有复合／多层基本装甲的 T-90 坦克，本身已经具有了较强的防护能力。再加装反应装甲，则它的装甲防护力将大大超出大多数反坦克武器的打击力。1984—1985 年间，苏联在 T-64 和 T-80 坦克上先后装备了第一代反应装甲。当 T-90 坦克出现时，第二代反应装甲——高级综合反应式装甲正好问世。这种新的反应装甲可以非常有效地抵御聚能装药弹和动能反坦克弹的巨大打击，坦克有了这样的装甲护身，几乎可说是牢不可破。T-90 车身采用倾斜面的炮塔和低轮廓外型，炮塔装有爆炸反应装甲，并以不同角度安插成蟹壳型。其顶部装甲可防止近年流行的攻顶导弹，而炮塔前端的装甲还有两层复合装甲夹住钢板而形成一种三明治外型的防御套件。T-90 坦克的全自动防御支援系统，也极大地减少了坦克被命中的可能性。该系统由 2—4 台激光示警接收器、1—2 台宽频带红外／干扰发射器、坦克的标准炮塔榴弹发射器发

俄罗斯军队在训练中使用的 T-90A 坦克

T-90坦克目前至少有两种车型，即T-90B和T-90C。其中T-90C主要用于出口，它采用了模拟式弹道计算机和老式电台，被认为是T-90坦克的一种过渡型。有专家预测，T-90未来的发展可能将会换装功率更大的发动机，以提高坦克机动性作为重点。

兵器解密

来向上遮住目标坦克，从而破坏射向目标坦克的导弹的制导。这种烟幕能够在3秒钟内完全散开并持续20秒钟。T-90的防御支援系统可以连续工作6个小时，而且被认为是对付美国的"陶"式、"龙"式、"地狱火"以及"小牛"反坦克导弹和激光制导导弹等，最有效的手段。

⬆ 印度军队使用T-90坦克演习

射的特殊榴弹，以及一台中央计算机组成。某种程度上可以说，这是一种基于进攻即防御理念上的防护系统事实也的确如此，它为T-90坦克提供了绝佳的防护能力。

## 全自动防御支援系统

在防御反坦克导弹时，T-90自动防御支援系统中的两台红外干扰发射器，会在导弹飞行过程中，通过造成导弹发射器失去与导弹的红外定位器或信标的联系，对来袭的导弹进行干扰。在防御激光制导导弹的攻击时，一旦目标坦克受到激光照射，坦克的激光示警接收器就开始探测导弹的制导激光束。一旦激光束被捕捉到后，炮塔会自动转到激光射来的方向上。与此同时，特殊榴弹则自动从坦克的榴弹发射器发射出去。这些特殊榴弹产生的气溶胶烟幕会在激光

## 其他特色

T-90坦克的车体两侧各有6个负重轮，1个诱导轮前置，1个主动轮后置。行动装置的上部有群板，而群板靠近前端的部分还装有附加的大块方形装甲板。此外，T-90虽然采用了T-72坦克的地盘，但是其悬挂系统已做了部分改进，并加装了可调整车体姿态和高度的装置。新地盘采用液压与扭杆混合式悬挂系统，两侧的6对负重轮中，第一、第二、第五和第六对负重轮采用的是液压悬挂，第三和第四对负重轮采用扭杆悬挂。整个车体姿态的倾斜度范围在-5°—+45°，车高的调整范围在-255毫米—+170毫米。

### ◀ 兵器简史 ▶

1969年挪威的曼弗雷德发现了爆炸反应装甲的原理，即金属板+炸药+金属板的结构是破坏破甲弹射流的一种有效手段。反应装甲的主要结构是：最外层是一个较薄的金属外壳，内部是由抛板（向外抛出）、背板（向内抛出）、炸药和固定物组成的工作组件。

兵器知识

> "豹"2坦克车体由间隙复合装甲制成
"豹"2AV坦克是联邦德国为美国制造的

# "豹"2坦克 >>>

凡是对第二次世界大战略有所知的人,恐怕都听说过纵横疆场的德国"虎"式和"豹"式坦克。"豹"2坦克是西方国家中最早服役的战后第三代主战坦克,多年来不断获得各种荣誉。在西方1998年和1999年两次主战坦克的排行榜上,桂冠均被"豹"2的改进型摘走,分别是"豹"2A5和"豹"2A6,足以见其王者风范。

## "白马王子"

"豹"2坦克是坦克家族中众望所归的"白马王子",世界各国的设计师们在研制自己的坦克时,都要或多或少地吸取豹2式坦克的优点。

"豹"2坦克是联邦德国20世纪70年代研制的主战坦克,其战斗全重55.15吨,乘员4人,坦克最高时速为72千米,最大行程550千米。

豹2原型车PT19

"豹"2坦克的炮塔比一般的坦克都要大,主要武器有120毫米滑膛炮1门,配有尾翼稳定脱壳穿甲弹和多用途弹,弹药基数42发。火控系统包括大炮双向稳定、数字式计算机、激光测距、热成像夜瞄装置等。车体和炮塔采用间隙式复合装甲,配有集体式三防装置和自动灭火装置。

除此之外,它还配备了1挺平射机枪和1挺高射机枪。

## 性能最好的发动机

值得一提的是,"豹"2坦克的发动机是世界上性能最好、功率最大的坦克专用柴油发动机。装备了这种发动机,它在越野行驶时,最高速度可以达到每小时七十多千米。

也许有的人对七十多千米的时速会不以为然,心想绝大部分汽车不都能轻而易举地跑到这个速度吗?

可是,我们千万别忘了,一辆汽车是多重,而一辆坦克又是多重!我们大都见过压路机,它的自重远远赶不上坦克,可它的速度简直就像是老牛拖破车一样,步履蹒跚,

最大规模生产的"豹"2家族成员——"豹"2A4，在设计和材料上进行了许多变革。它采用了自动灭火防爆系统，全数位火控电脑系统来支援新型弹药，以及使用了钛钨合金材料的装甲炮塔。

慢慢腾腾。说压路机是"牛"都还算是大大抬举了它，应该说它是蜗牛才恰如其分。

由此可见，当我们看见一辆坦克以每小时七十多千米的速度在疾驰时，一定会由衷地钦佩吧！

## 研制经过

"豹"2坦克是在"豹"1主战坦克的基础上研制出来的。"豹"1坦克刚一投产，波尔舍公司就获得了一项进一步发展豹1坦克的合同，以提高该坦克的战斗效能。1967年，该合同期满时恰逢联邦德国与美国已经在联合研制MBT70坦克，联合发展计划不允许任何一国从事自己的坦克发展。然而，联邦德国为"豹"1坦克研制了能提高性能的新部件，其中的一些部件为研制新坦克创造了条件。

1968年，克劳斯·玛菲公司获得了一项价值2500万联邦德国马克的合同，制造2辆新坦克样车。这种新坦克与后来的生产型"豹"1A3/"豹"1A4坦克相似，装有改进

型火控系统、不同的稳定装置、新型发动机和传动装置，还装有1门105毫米线膛坦克炮、1挺7.62毫米并列机枪和1挺7.62毫米高射机枪。

1969年，当联邦德国和美国联合研制的MBT70坦克还停留在样车发展阶段时，联邦德国便利用MBT70坦克部件发展了一种牡野猪试验坦克，克劳斯·玛菲公司制造了2辆样车。然后，在此基础上又研制了一种叫做"野猪"的新型试验坦克。

1970年，MBT70坦克计划告吹，联邦德国便做出研制"豹"2坦克的决定。1972—1974年间，克劳斯·玛菲公司研制出16个车体和17个炮塔，所有样车均装有MBT70坦克的伦克公司传动装置和MTU公司的柴油机。10辆样车于1972—1974年进行了部件系统技术试验，然后进行部队试验。

1977年，联邦德国选定克劳斯·玛菲公司为主承包商并签订了大量生产"豹"2坦克的合同，在1800辆订货中，克劳斯·玛菲公司生产990辆，其余810辆由克虏伯·

"豹"2A5 的炮管比"豹" 2A6 短很多，正因如此，A5 后来被改装成巷战型坦克。

在 20 世纪 80 年代的时候，国际上的军事专家曾经给各国的坦克进行了一次评比。各项指标综合考核下来，结果，苏联的坦克得了 1000 分，美国的坦克得了 1100 分，而德国的"豹"2 坦克则经受了各国专家的横挑鼻子竖挑眼，以其优异的性能独占鳌头，获得了最高分——1200 分。

马克公司制造。第一辆预生产型"豹"2 坦克于 1978 年年底交给联邦德国国防军用于部队训练。1979 年初又交付了 3 辆。第一辆生产型"豹"2 坦克由克劳斯·玛菲公司于 1979 年 10 月在慕尼黑交付。到 1982 年底年产量达到 300 辆水平。

1987 年 10 月 30 日，德国政府批准了 150 辆"豹"2 坦克的新订货计划，其中 55% 由克劳斯·玛菲公司生产，其余由克虏伯·马克公司制造。1988 年 1 月新订购的第一辆"豹"2 坦克交货，然后克劳斯·玛菲公司以每月 5 辆的速度生产，克虏伯·马克公司以低于每月 5 辆的速度陆续生产。这 150 辆"豹"2 坦克将代替经过改进后运往土耳其的 150 辆"豹"1A4 坦克。此外，另有 100 辆"豹"2 坦克新订货即将被批准，以补充运往土耳其 250 辆豹 1A4 坦克的空缺。这 100 辆"豹"2 坦克，其中 65 辆由克劳斯·玛菲公司生产，35 辆由克虏伯·马克公司制造。

## 独占鳌头

"豹"2 坦克配上夜视仪后，就能在夜间行驶，从而不再是一个"瞎子"；给它装上通气筒以后，它就可以在 4 米深的水下泅渡，使得它从此不再是一个"旱鸭子"。

目前，德国的"豹"2 坦克不仅装备了本国军队，并且还出口到荷兰、瑞士等国家。

## "豹"2A5 和"豹"2A6 型

1979 年，前联邦德国陆军开始装备"豹"2 主战坦克，至 1993 年，德国共拥有"豹"2 主战坦克 2125 辆，几乎所有坦克营都装备了"豹"2 坦克。这些坦克在生产过程中不断加以改进，战斗性能逐步提高，并先后出现了"豹"2A1、A2、A3、A4、A5 和 A6 等改进型号。其中"豹"2A5 和"豹"2A6 是最新的改进型，其改进计划始于 20 世纪 90 年代中期，分为两个阶段：第一阶段在 1995—1998 年实施，主要是加强了防护和更换部分设备，即"豹"2A5；第二阶段于 1999 年起实施，主要是换用身管更长、威力更大的火炮，配用新型弹药，即"豹"2A6。

为了保证"豹"2 坦克在 21 世纪的有效

### 兵器简史

1974 年，美国和联邦德国签订了关于两国坦克发展计划标准化理解备忘录。1977 年进行了修改，内容包括两国关于坦克部件的标准化问题。标准化的部件包括发动机、传动装置、炮长望远瞄准镜、夜视设备、火控系统、履带和主要武器。

除德国以外,还有其他一些国家装备使用了"豹"2主战坦克,其中包括荷兰购买了445辆;奥地利从荷兰那里接收了114辆"豹"2A4型;西班牙陆军向德国租借了108辆。丹麦和瑞士各购买了51辆和380辆。土耳其也购买了一批"豹"2坦克

兵器解密

作战性能,德国在20世纪90年代开始实施"豹"2坦克的改进计划,改进型号命名为"豹2改",后定名为"豹"2A5主战坦克。最近,安装120毫米L/55滑膛炮的改进型豹2已被命名为"豹"2A6主战坦克,并进行了火炮射击实验。

"豹"2A5型主要改进包括:炮塔前弧区装有新的增强型装甲组件;用全电系统取代原有的液压火控与稳定系统;改进120毫米火炮反后坐装置,以便将来安装莱茵金属公司的120毫米L/55滑膛炮;车长的顶置PE-IR17A2瞄具有一个热成像通道;车体后部的TV摄像机与监控器屏幕相连,使驾驶员可以快速安全地转向;能与指挥与控制系统相连的以光纤技术和全球定位系统为基础的复合导航系统;改进型激光测距机数据处理器。

德国陆军准备改装350辆"豹"2A5,目前已收到第一批225辆。荷兰皇家陆军将改进装备中的180辆"豹"2。丹麦购买的51辆"豹"2也将改进成A5型。"豹"2A5也被瑞典陆军新近招标选中,预计装备280辆,在瑞典陆军内部称为Strv122。西班牙陆军也同意购买219辆"豹"2A5主战坦克及16辆抢救车。

在"豹"2A5基础上改进而成的"豹"2A6,采用莱茵金属公司生产的身管更长的120毫米滑膛炮,以替代原来的火炮。这使得"豹"2A6的有效射程增加了约1000米,战斗全重也上升到60吨。

⚙ 德国陆军"豹"2A6M(侧面)

**兵器知识**

> 90 式的发动机由三菱重工业公司研制
> 90 式坦克火炮的弹药基数为 40 发左右

# 90 式坦克 >>>

第二次世界大战后,日本先后研制出三代坦克:61 式、74 式和 90 式。其中最引人注目的是 90 式第三代主战坦克。90 式坦克是日本在第二次世界大战后研制的主战坦克。90 式坦克号称是"世界上最贵的坦克"。目前,它只装备日军,现装备的 90 式坦克主要配属给驻北海道的第 7 装甲师。

## 最贵的坦克

90 式主战坦克的研制经费也相当可观,整个研制费用高达 350 亿日元。尽管只相当于 M1 主战坦克研制经费的一半,但对日本军方来说,投入这么多经费来研制一种陆军常规装备,还是头一遭。

90 式主战坦克第一批的采购单价高达 850 万美元。1 亿美元才能买 12 辆 90 式主战坦克,实在是太贵了点。价格贵的主要原因是采用了大量先进的电子设备和采购数量低。从年采购数量来看,最多的年份也只有 30 辆,最少的年份才 15 辆。生产线开工不足,价格自然要高上去。

从 1990—2004 年,日本陆上自卫队共装备了 292 辆 90 式主战坦克。加上 2005—2009 年的"中期防卫计划"中规定采购的 49 辆,日本陆上自卫队共拥有 341 辆 90 式主战坦克。

## "东西合璧"的产物

如果说,法国的"勒克莱尔"主战坦克有点像德国的豹 2,那么,90 式主战坦克就更像豹 2 了。这充分反映了 90 式主战坦克

行进中的 90 式主战坦克

自卫队展示中心的 90 式,由此图可看见车顶的烟雾弹发射器和自动装弹口。

的设计广泛吸取了"豹"2 主战坦克的优点。同时,也吸取了苏联坦克结构紧凑、外形低矮等优点。可以说,90 式主战坦克是"东西合璧"的产物。

不过, 90 式主战坦克也自有它的外部识别特征。从侧面看,90 式主战坦克每侧有 6 个负重轮,侧裙板的"下摆"平直,仔细观察可发现侧裙板上有便于上下车的脚蹬孔,有 6 具烟幕弹发射器;而"豹"2 主战坦克则为每侧 7 个负重轮,侧裙板"下摆"呈折线,有 8 具烟幕弹发射器。从顶部看,位于左侧的炮塔门(炮长用)是方形的,车体后部的长方形进气百叶窗和"豹"2 主战坦克的圆形进气口形成明显对照。

从 90 式和"豹"2、M1A1、"勒克莱尔"主战坦克正面轮廓的比较可以看出,90 式主战坦克比起欧美的"钢铁之躯"要小 1 圈。在这方面,日本军方汲取了苏联和俄罗斯 T 系列主战坦克的优点。

## 人员配置

90 式主战坦克战斗全重 50.2 吨,比起 60 吨级的欧美主战坦克要轻 10 吨多。乘员为 3 人:车长、炮长和驾驶员。在总体布置上,90 式主战坦克的最大特点恐怕是"三人乘员组,小车扛大炮"了。

90 式是日本研制的 3 人乘员组主战坦克,事实上日本研制自动装弹机有着悠久的历史。早在 61 式和 74 式坦克研制阶段,日本就试制过自动装弹机,有丰富的经验。在 90 式主战坦克上采用自动装弹机,自然是轻车熟路。

90 式主战坦克的自动装弹机采用带式供弹方式,有选择弹种的功能,方形弹舱在炮塔尾部,弹舱装弹数为 19 发。这种型式的自动装弹机的优点是装弹的运动轨迹较简单,结构紧凑,安全性较好。其缺点是弹舱的装弹数受到限制,火炮必须回到固定的装填角才能装弹。

90 式主战坦克在总体性能上的另一个特点是"小车扛大炮"。90 式主战坦克的战斗全重比"豹"2 和 M1A1 要轻 10 吨左右,但火炮威力是相同的,从这一点看,90 式主战坦克吸收了苏联 T 系列主战坦克的先进设计思想。

从车内的总体布置看,和当代主战坦克

基本相同,乘员的分布为:驾驶员在车体前部偏左的位置上,车长和炮长分列火炮两侧,车长在炮塔内右侧,炮长在左侧。

## 世界排行榜

许多兵器爱好者对《世界主战坦克排行榜》十分关注。如果某个国家的一种主战坦克榜上有名,甚至名列前茅,人们就会对这种主战坦克刮目相看。在2004年度《世界主战坦克排行榜》中,美国的M1A2SEP主战坦克雄踞榜首,以色列的"梅卡瓦"4主战坦克拿了个"银牌",而日本的90式主战坦克拿了个"铜牌"。

近年来,90式主战坦克稳居"老三",已属不易。而在1994—1997年的排行榜中,90式主战坦克曾一度独占鳌头,令人刮目相看。

要知道,90式主战坦克是十多年前的产物,这十多年间也未做过任何改进,而其他前5名的坦克都是20世纪90年代以后的改进型。尽管某些人对排行榜上的升迁沉浮有所不屑,但是,排行榜上的沉沉浮浮,总能从一个侧面说明一定的问题。当然,人们对这

种"一家之言"也不必太较真,尽管这种"排行榜"的上榜和排名的顺序有一定的根据和理由。

## 91式装甲抢救车

日本的90式主战坦克不仅没有改进型车,连变型车也少得可怜。这在其他国家的主战坦克上是很少见的。到目前为止,90式主战坦克的变型车只有91式坦克抢救车。

91式坦克抢救车于1990年由日本三菱重工业公司研制成功,主要用于90式主战坦克的战场抢救和后送任务。91式坦克底盘部分等同于90式坦克,但上部结构有较大变化。旋转吊臂和遥控装置位于车体上部右前方,起吊能力为25吨,液压操纵。行军时,吊臂平放在右侧。乘员4人:车长、驾驶员和2名操作手,均位于乘员舱内,车长处有一指挥塔,其上有1挺12.7毫米机枪,用于自卫。一排8具烟幕弹发射器布置在车体前部。车体前部还装有推土铲,在抢救坦克时还可以起到支撑

🔷 90式坦克正面外观图

90 式坦克 1990 年定型，日本自卫队原计划采购600—800 辆，采购单价高达 850 万美元。90 式主战坦克采用日本特许生产的德国莱茵金属公司的 120 毫米滑膛炮，带自动装弹机，炮长瞄准镜内组装激光测距仪，并配有热像仪，具有行进间和夜间射击的能力。

兵器解密

↑ 90 式有着和德国"豹"2 极为相似的炮塔

作用。主绞盘能抢救和拖动 50 吨级的 90式主战坦克。

## 存在问题

90 式主战坦克服役 16 年来，尽管总体评价不错，但也暴露出不少问题。当代各国的主战坦克的最大行程一般为 500—600 千米，而 90 式主战坦克的最大行程为 350—400千米。最大行程小，使坦克在执行战术任务的持续能力上受到限制。此外，在车辆信息化方面、各乘员仪表板的布置方面，需要改进和提高的内容还不少。例如，乘员仪表板上的开关和按钮的布置完全没有规律，一个新乘员如果不看仪表板，很难进行操作。

## 90 式的未来

关于 90 式主战坦克的未来，自然是人们关注的话题之一。所谓的日本未来坦克，已由日本防卫技术本部进行了方案设计。

大体的设计方向是走"低成本、轻量化"的道路，战斗全重为 40 吨级，仍采用 120 毫米滑膛炮（55 倍口径或 44 倍口径），主要通过改进弹药来提高火炮的威力；加装先进的指挥控制系统；加装主动防护系统和"板条"附加装甲。

### ◀◀◀兵器简史▶▶▶

日本军方在 74 式坦克列装之后，便立即着手新型坦克的研制工作，研制代号为TKX 坦克，主要研制工作由防卫厅技术研究本部和三菱重工业公司承担。按计划，TKX 坦克应于 1988 年定型，并按照日本人的习惯定名为"88 式战车"。后来，由于定型过程中遇到了一些麻烦，定型时间推迟到 1989 年，改为 89 式战车。可是，直到1989 年 12 月才召开定型会议。获得同意之后，于 1990 年 8 月正式定型。这样，最终定名为"90 式战车"，即 90 式主战坦克，前后历时达 15 年之久。

> "梅卡瓦"是希伯来语，意为"战车"
> "梅卡瓦"坦克于1982年第一次投入战斗

# "梅卡瓦"主战坦克 >>>

在当今坦克大家庭中，有一种坦克是在战火中诞生的。它就是以色列人赖以克敌制胜的有力武器——"梅卡瓦"式主战坦克。"梅卡瓦"主战坦克算得上是当今世界上最具活力、最有特色的主战坦克了，它独特的动力传动装置前置的总体布置方案，令世界上各国坦克设计师们投以惊异和怀疑的眼光。

## 名称来源

以色列在它建国以来的近半个世纪里，曾经和它周围的几个阿拉伯国家——埃及、约旦、叙利亚和黎巴嫩先后打过4次全面战争，以及数不胜数的局部战争。严酷的政治环境迫使以色列全力发展它的武装力量和军事装备，坦克便是它大力研制的一项装备。

在建国后的头20来年间，以色列主要是购买美国制造的坦克。20世纪50年代，以色列从法国得到改进的"谢尔曼"坦克和

🔊 "梅卡瓦"Ⅲ型出口困难的根本原因是由于它脱离了世界坦克发展的主流，保持了太多的以色列特色。如果放弃某些不合乎潮流的以色列特色，"梅卡瓦"的表现应该更加出色。

AMX13轻型坦克，从英国得到逊邱伦主战坦克，构成以色列装甲战车的主体。

1967年，中东战争前，英国用两辆奇伏坦坦克准备与以色列签订一项用此种坦克取代以色列现役坦克的协议，然而，英国国会的阻挠令这项交易搁浅。面对进口武器上的困境，以色列决定利用最少的外援自己生产一种新型主战坦克。

1967年的中东战争让以色列看出"机动防护"对坦克的实际意义并不大，所以在研制新型主战坦克的初期阶段，以色列便确定坦克3大性能次序是防护、火力和机动性。

### 兵器简史

　　1974年，第一辆梅卡瓦坦克样车制成。1977年，以色列对外宣布梅卡瓦坦克正处于研制阶段，准备批量生产40辆。首批生产型梅卡瓦MK1型坦克于1979年交付以色列陆军，在1982年夏季的黎巴嫩战争中第一次使用。梅卡瓦MK2坦克于1983年12月交付以色列陆军，梅卡瓦MK3型坦克于1987年投产。截止1988年初，以色列大约生产了800辆梅卡瓦坦克。为研究、发展、试验和生产样车总共花了6500万美元。

兵器解密

影响以色列坦克设计思想的一个重要因素是其兵源有限，要求提高乘员的生存能力。因此，在设计新型坦克时，把乘员位置放低并尽可能坐在车体后部。在制造第一辆样车之前，曾用M48和逊邱伦坦克底盘制造了许多的试验车，以验证"梅卡瓦"坦克的设计思想。

新坦克的设计工作始于1967年初，由泰勒将军指挥的设计工作始于1970年8月，为研制该新型坦克美国向以色列提供了1亿美元援助。新型坦克名叫"梅卡瓦"坦克，又称"查尔特"战车。

## 防护力最强的坦克

主持"梅卡瓦"设计的是"以色列坦克之父"塔尔少将，他明确提出，"梅卡瓦"坦克要与西方不同，应坚持"防护第一、火力第二、机动性第三"的设计思想。

1979年，以色列自行设计制造的第一代坦克——"梅卡瓦"1型坦克问世了。它在1982年以军入侵黎巴嫩的战头中崭露头角，引起世人的瞩目。1983年，"梅卡瓦"2型坦克诞生了。刚刚过了7年，更先进的"梅卡瓦"3型坦克接着出现，迅即装备给以色列陆军。

"梅卡瓦"坦克车身大，炮塔小，以便于车辆的隐蔽，这是其与众不同之处。依照塔尔将军的指导思想，"梅卡瓦"坦克防护装甲的重量占到自身总重量的75%。而其他国家的坦克，装甲重量一般只占其总重量的50%。此外，它还专门配备了一门60毫米口径的迫击炮。

不过，人们往往记不住"梅卡瓦"的第二个特点，而只记住它的第一个特点。因此只要一提起它，人们就要冠以"世界上防护力最强的坦克"的赞誉。

## 榜上有名

从1978年"梅卡瓦"坦克装备以色列军队以来，它亲历了巴以爆发的多次冲突，而且在这期间，从"梅卡瓦"1到"梅卡瓦"4发展了四代。单就这两点，当今世界上的主战坦克中没有哪个能望其项背。在"世界主战坦克排行榜"上，"梅卡瓦"主战坦克也是屡屡榜上有名。

"梅卡瓦"主战坦克

> "挑战者"2坦克时速40千米
> "挑战者"2采用独立液气压悬吊系统

# "挑战者"2 主战坦克 》》》

**英**国是首先发明坦克的国家,就像它发明了蒸汽机、火车、足球一样。今天,只要一提起坦克,稍微通晓一点坦克发展史的人就必然会想到英国。20世纪80年代以来,英国的坦克已经更新了好几代。如今,它的主要代表是"挑战者"式坦克,而"挑战者"2主战坦克是英国陆军自第二次世界大战后设计的最强的主战坦克,它具有世界最高水平的防弹能力。

## "挑战者"式坦克

"挑战者"式坦克是当今世界上最重、最长的坦克,它自身的重量为62吨,坦克全长(包括炮身)为11.5米。

"挑战者"具有性能优异的防护装甲,它的设计者宣称任何反坦克武器都无法击穿它的钢板,在这一点上,连先进的美国坦克都比不上它。在1991年初的海湾战争中,"挑战者"式坦克经受住了真刀真枪的

挑战,受到各国军事专家的关注。

20世纪90年代以来,针对海湾战争中出现的实战问题,英国又研制出更先进的"挑战者"2坦克,它在十几个方面对原有的"挑战者"1坦克进行了改造,使它的性能有了大幅度提高。

## 强大的防御能力

"挑战者"2主战坦克是英国陆军自第二次大战后设计的最强的主战坦克,由英国

🔵 英国"挑战者"2是采用第二代乔布汉姆装甲—多切斯特装甲。

"挑战者"2主战坦克进行射击演习

维克斯国防系统有限公司制造。

1986年,"挑战者"2坦克是维克斯公司针对"挑战者"1火控和动力系统表现欠佳而予以改良的型号。"挑战者"2主战坦克的车体和炮塔的构型均采用匿踪技术以降低雷达讯号。虽然看起来它的车体和"挑战者"1坦克没有太多不同,但各项改良总计达到156项之多。

此外,鉴于"挑战者"1坦克在维修上的诸多问题,新车体特别加强了整体的可靠度,单动力系统方面,即进行了近50项改良。

"挑战者"2主战坦克的最大特征就是62.5吨的战斗全重和世界最高水平的防弹能力。

"挑战者"2主战坦克配备全新的炮塔,这是最重要的改良项目,构型设计上参考了MK7/2型和巴西的"熊"式OSORIO战车。整合两种炮塔的诸多特性,新炮塔的整体布置和挑战者1坦克相仿。但是,"挑战者"2主战坦克的构造更加简洁,省略了"挑战者"1坦克的外部杂物箱,但尾舱中装有核生化系统和环境控制系统。"挑战者"系列坦克一直以重视防御著称,"挑战者"2的防护能力,特别是炮塔的防护能力大幅提升,采用第二代"乔巴姆"复合装甲,这种装甲对抗动能弹和化学弹的效能极佳。

## 电子化的主战坦克

"挑战者"2主战坦克之前的英国坦克在车载电子装备上是相对落后的,而"挑战者"2坦克则在这一方面有了长足的进步。

首先是FCS中枢数字化计算机,采用了新一代的CDC制。车内各种电子设备通过数据总线相连接,以后还将加入现在正在开发中的战场信息控制系统BICS和GPS全球卫星定位系统。这些改进使得"挑战者"2型成为了真正电子化的主战坦克。

事实上,早在1978年,英国军方曾计划研制MBT80主战坦克,以便用来代替性能已显落后的"酋长"坦克。由于技术上尚不成熟,这项计划于1980年中止。后来虽然有"'伊朗狮'变'挑战者'1",但是"挑战者"1坦克也明显带有凑合的色彩,只生产了四百多辆。

到了20世纪80年代末90年代初期,至少有六百多辆、7个坦克团的"酋长"坦克需要换装。1987年,英国国防部正式发布了"酋长坦克换装大纲"。由于挑战者1坦克在CAT87"银杯奖"大赛上名落孙山,所以,这一回英国国防部来了个国际公开招标的方式,一时间令各国的坦克制造大亨们跃跃欲试。

英国的维克斯公司捷足先登,于1988年初向国防部提出了《"酋长"坦克换装大纲建议》,认为"挑战者"2主战坦克能够满足英国国防部的要求。

1988年12月,英国国防部和维克斯公司签订了为期21个月的"挑战者"2坦克的研制合同,公司得到了9000万英镑的研制经费。1990年秋,公司制成了9辆"挑战者"2坦克的样车。不过需要的是维克斯公司的"挑战者"2坦克仅仅是参与竞标的一方。

而早在20世纪80年代末,美国通用动力公司用M1A1主战坦克来竞标,联邦德国克劳斯玛菲公司用"豹"2主战坦克来竞标。到了1990年2月,法国地面武器工业集团(GIAT)新研制的"勒克莱尔"坦克也加入竞争的行列。

至此,西方的4个坦克生产大厂在英国的土地上上演了一场"坦克采购大战"。参加竞争的各厂家唇枪舌剑,都说自己生产的

坦克最棒,有的厂家还给出了相当优惠的条件,一时间搞得沸沸扬扬。

## "四选一"的赢家

然而,好事多磨。历时几年的"坦克采购大战"也是几上几下。这期间发生的"大事"有:美国和德国的两家公司将参与竞争的车型分别提升为M1A2和"豹"2改进型(后来发展为"豹"2A5)。苏联解体和东欧剧变,使"换装大纲"中规定的采购数量一降再降,从800辆直降到200多辆。

海湾战争使"四选一"的敲定时间一拖再拖,从1990年9月底,一直拖到1991年的6月才一锤定音,英国国防部发言人宣布:选定"挑战者"2主战坦克来替换当时装备的"酋长"主战坦克。看来,西方人与我们中国人的思维也有相似之处,也是"孩子是自家的好",英国人最终还是选中了自家的坦克。

"几家欢乐几家愁",最失望的莫过于美国通用动力公司的总经理,他说"我们失望地听到了这一宣布,但我们仍然相信,'艾布拉姆斯'坦克是英国士兵最好的选择"。

⭕ 装备了"挑战者"2坦克的皇家苏格兰骑兵卫队在进行坦克实弹射击训练演习

挑战者2型坦克采用挑战者坦克的底盘，装有提高了防护力的新型炮塔和一套新型火控系统。炮塔上可以安装皇家兵工厂研制的新型CHARM120毫米线膛坦克炮，也可安装联邦德国莱茵金属公司的120毫米滑膛坦克炮。

兵器解密

"挑战者"2在索尔兹伯里平原上展出

至此，牵动四国四方、历时数年的"坦克采购大战"终于画上了一个句号。如今，当人们说起"挑战者"2的主战坦克，还总是对这一"英国未来坦克'四选一'事件"津津乐道。

## 交付英国陆军

英国军方分两批订购了386辆"挑战者"2主战坦克。1991年，英国订购了首批127辆"挑战者"2坦克，1994年英军再次订购了259辆。1993年阿曼向英国订购了18辆"挑战者"2，至1997年11月，又再次购买了20辆。

1998年6月，"挑战者"2主战坦克正式交付英国陆军，至2002年，英国皇家陆军所有的团都将装备该型坦克。第一个装备"挑战者"2坦克的英军部队是皇家苏格兰龙骑兵团。从2000年开始，挑战者1坦克将逐步退出现役。

到目前为止，国外装备"挑战者"2坦克的国家，只有阿曼（位于亚洲西南部的阿拉伯半岛东南部的国家）一家。阿曼皇家陆军共装备了38辆"挑战者"2坦克。不过，英国人并不甘心，近年来推出的"挑战者"2E坦克，便是面向出口市场的"挑战者"2坦克的最新改进型。

## "挑战者"2E型坦克

维克斯公司还专门设计了一种专门针对出口市场的"挑战者"2E型主战坦克，这种坦克，在恶劣的环境和天气状况下具有极强的作战和生存能力。

英国"挑战者"2E主战坦克，是英国为了抢夺国际军火市场，在自行研制的挑战者1的基础上新研发的一种主要用于出口的坦克，由英国维克斯防务系统集团研发。2002年批量生产型的"挑战者"2E正式驶下生产线。

维克斯公司称，最新型号的"挑战者"2E采用了目前最新的技术，功能强大，并且还拥有很大的改进潜力，它将成为世界各国已经装备的第三代主战坦克最出色的车型之一。

### 兵器简史

1988年2月英国陆军用1800万英镑向维克斯防务系统公司订购了17辆挑战者训练坦克，将于1990年开始交货。该坦克基本上是一辆将炮塔换成一个小舱的挑战者主战坦克，舱内可坐教练员和学员，车体加有配重铁，使性能更接近挑战者主战坦克。该坦克系供皇家装甲部队和皇家电子机械工程兵研究院训练驾驶员和维修人员使用。

> "阿琼"坦克车长体重，战略机动性差
> 该坦克车身低矮，车首有V字形肋条

# "阿琼"主战坦克 》》》

"**阿**琼"主战坦克是印度自行研发和制造的第三代坦克。起初命名为 MBT80，后以印度教神话中战神的名字改称为"阿琼"。一度被寄予厚望的"阿琼"坦克，经过三十多年的研制，仍然没有达到预定的指标，创造了三代主战坦克研制周期的世界之最，曾被世人称为"最难产的坦克"。

## "主败坦克"

1972 年，根据与巴基斯坦作战的经验，印度军方提出用一种新型坦克来代替"胜利"式主战坦克。同年 8 月，印度"战车研究发展局"（CVRDE，位于阿瓦迪市）开始了新型坦克的方案研究，起初对该新型坦克命名为 MBT80，后以印度教神话中战神的名字改称为"阿琼"式主战坦克。

1974 年 3 月，印度政府正式批准了"阿琼"主战坦克的研制计划，并为这一项目拨发了一笔不小资金。原计划在 1983 年 12 月前完成第一辆样车，但由于技术问题，结果到 1984 年 3 月，才制成了两辆样车。此后，还是基于技术上的考虑，印度只好借助外国力量，结果将"阿琼"搞成了"八国联军"。

1991 年年底，忧心忡忡的印度陆军一度要求放弃这个项目，但未获政府批准。在

⬆ 阿琼主战坦克简称阿琼坦克，是印度研发的国产主战坦克，名称"阿琼"来源于印度史诗《摩诃婆罗多》中的人物阿周那。

兵器解密

　　由于印度本身技术储备不足，在研制阿琼主战坦克时，虽然大量选用了国外先进的坦克部件，但在整合的过程中却是困难重重。原型车自制部件的比例为73%，但到实际生产中，进口部件比例高达60%，其所谓自主研制成为笑话。

🔶 "阿琼"坦克模型

　　随后的试验中，"阿琼"因仍无法满足已经降低的使用要求和战技指标，被军方判定为"不适宜上战场"，而印度媒体则把"阿琼"由"主战坦克"戏称为"主败坦克"。而后，一些心中不满的陆军军官甚至公开称"阿琼"是"白象"，即"无用而累赘的东西"。

## "最难产的坦克"

　　一意孤行的印度政府仍决定继续拨款支持研制。在以制造"豹"2坦克而闻名的德国克劳斯·玛菲公司相助之下，印度"战神"摇身一变，长成了德国"豹"的模样。1999年3月，印度政府决定拨款4.25亿美元用于生产124辆"阿琼"(每辆单价235万美元)，在2003年前装备2—3个团。然而这项计划又未能按时执行，一直拖到2000年9月底，瓦杰帕伊政府才宣布"阿琼"正式投产。

◀━━ 兵器简史 ━━▶

　　至今，"阿琼"仍未能大批装备部队。印度国防部最终只好无奈地取消本土自行研发和制造的"阿琼"主战坦克成军计划，而已经生产的少量"阿琼"坦克，将用于执行训练任务。"阿琼"坦克计划前后共耗资约35亿美元，最后却只得到了包括原型在内35辆均价高达1亿美元的训练坦克。

　　"阿琼"从正式批准研制到投产，时间长达26年之久，相比之下，德国研制"豹"2和美国研制M1所花费的时间都不超过15年。所以可以毫不夸张地说，"阿琼"在所有的第3代坦克中是最"难产"的。

## "战神"成笑柄

　　在"阿琼"坦克的研制进程中，尽管屡屡受到军方责难，但印度政府坚持己见。面对印度陆军现有主战坦克2000辆左右全是外国货的局面，印度陆军的担忧实属无奈。

　　由于本身技术储备不足，阿琼不得不选用了大量国外先进的坦克部件，这给整车的技术磨合带来了极大困难。据悉，阿琼原型车自制部件的比例为73%，但到实际生产中，进口部件比例高达60%，其所谓自主研制成为笑话。事实上，"阿琼"已经沦为了"万国"坦克。

> 勒克莱尔坦克拥有一套自动装弹系统
> 阿联酋于1993年开始采购勒克莱尔坦克

# "勒克莱尔"主战坦克 》》》

**法**国"勒克莱尔"主战坦克于1993年正式装备法国陆军，它不但具备主战坦克的强大威力，更拥有先进而灵活的数字化能力，可称得上是战后第三代坦克的后起之秀——"陆战王中王"。它的最新改进型"勒克莱尔"2015坦克，将是世界第四代坦克的第一种坦克，它的未来走向是诸多军事家和兵器爱好者关注的焦点。

## 勒克莱尔将军

1940年，当德国法西斯攻破马其诺防线，占领法国以后，当时身为法国国防部副部长的戴高乐将军在伦敦建立起"自由法兰西"运动组织，竖起了武装抵抗德国侵略者的大旗。此后，许多具有爱国心的法国各界人士纷纷投奔"自由法兰西"，为抵抗法西斯而英勇奋战，前赴后继。

这其中有一位战功卓著的抵抗战士、"自由法兰西"武装的将军，他的名字叫奥特克罗克特·德·勒克莱尔。

就是这位勒克莱尔将军，于1944年的8月25日率领法国第二装甲师，和巴顿将军率领的美国第四装甲师一道进入巴黎，接受德军驻巴黎城防

"勒克莱尔"车长瞄准仪在图中右边，炮手瞄准仪在图中左边。

司令肖尔蒂茨上将向盟军的投降。不幸的是，两年后的11月28日，勒克莱尔将军因飞机失事而遇难。而这一天，恰巧是他的45岁生日。

为了纪念这位对法国的自由和解放立下赫赫战功的将军，1986年1月30日，法国国防部长宣布，将最新研制的AMX坦克命名为AMX"勒克莱尔"式坦克。

移动中的勒克莱尔主战坦克及所引起的沙尘

## "世界上最先进的坦克"

从外形上看，"勒克莱尔"式坦克和德国"豹"2式坦克非常相似——车身低矮，炮塔扁平。这种坦克重53吨，共有车长、炮长和驾驶员3名乘务员。它是世界上第1个将乘务员减少到三人的主战坦克。

过去，法国的坦克主要强调火力和机动性，对装甲防护不是很注重。而"勒克莱尔"式坦克一改以往的传统，全身披挂上由组件式装甲板块构成的复合装甲。这种新型装甲既能有效防护穿甲弹和破甲弹的攻击，又便于维修和更换，深得坦克兵的喜爱。

"勒克莱尔"式坦克的内部，采用了先进的电子计算机来控制有关操纵系统，因而它在西方有"电脑坦克"的美誉。有的人更把它称作"世界上最先进的坦克"、"坦克中的坦克"，赞誉不可谓不高。

不过，随着它的声誉日见升高，它的身价也节节看涨。如今，一辆"勒克莱尔"式坦克的售价已经达到235万美元，折合成人民币将近2000万元，令人咋舌。

## 优美的外形

"勒克莱尔"坦克的曲线优美，构型设计有极大的改进。在新一代动力装置体积缩小的前提下，坦克外形尺寸得以缩减，这意味着车重及外形减小，节约下来的重量可用于增厚装甲。虽然"勒克莱尔"坦克的装甲比M1A2坦克的更厚实，但战斗全重却比M1A2的58吨还轻。其车体长仅6.6米，比其他55吨级的坦克短1米以上，只有6对负重轮。车高至炮塔顶部仅2.5米，低矮的外形增强了它的避弹能力。

然而，"勒克莱尔"坦克真正的防护力在于结合各项主动与被动防护设计，所产生的整体防护效果，这包含了战场管理系统的先进指挥控制通信能力、先进装甲防护、机动力和多项防御设备。利用战场管理系统和强大的机动力，车长能够充分了解战情，抢先占据有利的攻防位置，间接提高防御效能，或对威胁大的目标先行攻击，避免受到对方火力的袭击。

◉ 勒克莱尔炮口型态

## "电脑坦克"

"勒克莱尔"坦克的火控系统为指挥仪/猎歼式火控系统,包括热像仪、激光测距仪、车长及炮长瞄准镜、火炮稳定器、传感器和3台计算机,其中计算机的中央处理器就有30多个,因此,"勒克莱尔"坦克是名副其实的"电脑坦克"。

炮长瞄准镜位于火炮右侧,拥有左右对开的装甲护盖。主体为"萨吉姆"HL60瞄准镜及火炮耳轴机械连杆,HL60瞄准镜由双向稳定镜座、图像截获系统及电源组成,镜座由1具低误差陀螺仪和1具加速度传感器保持双向稳定,另1具陀螺仪和2具加速度传感器负责垂直面稳定及提供惯性导航参数。

图像截获系统装在镜座上,右方为光学镜头和激光测距仪,左方为热像仪,共有6种操作模式。昼间光学瞄准镜有3.3倍和10倍两种倍率,昼间电视显像为10倍倍率,夜间热成像电视显像为3.3倍倍率。激光测距有效距离10000米,误差±5米。另有孔径显像及紧急镜面调整两种模式备用,孔径显像是将光学镜头调整与火炮中心线平行,仅依靠镜内刻度进行估算瞄准点。熟练的炮长使用HL60瞄准镜通常可在5000米内发现目标,2500米内辨别目标,2000米外确认目标。各模块化单元将所有数据传至计算机,计算机依据目标距离、位移角速度、弹种、火炮参数、大气参数、车体参数等进行火力解算,标定提前量及瞄准镜内的瞄准点,精度为0.1毫弧度,使坦克在行进时首发命中率达到95%。

## 大威力火炮

"勒克莱尔"坦克采用法国自行研制的CN12026型120毫米滑膛炮,其身管长为52倍口径,比德国标准的L44式120毫米滑膛炮(44倍口径)长,但炮膛药室相同,炮弹也可通用,其炮身配有铝合金热护套,能够防止身管灼热时接触外界冷空气变形,保持射击精度。

身管上没有通常的抽烟装置,而配有微型压气机,火炮射击后,压气机立即向身管内吹入400个大气压的高压气体,将残余火药气体吹出炮管,以免影响战斗室空气质量和战斗效能。与德国L44式120毫米滑膛炮使用的弹种相比,"勒克莱尔"坦克配备的炮弹的射程、速度和精度均较佳,其榴弹具有杀伤人员、破坏建筑物和轻型装甲车的作用,威力领先不少。

勒克莱尔主战坦克的火炮防盾左下方安装的12.7毫米并列机枪，比一般主战坦克并列机枪更具威力，足以对付普通车辆或轻武器，节约炮弹消耗量，弹药基数950发。车长和炮长舱门前侧可安装7.62毫米高射机枪，主要协助并列机枪压制敌方步兵等中小型目标。

兵器解密

## 兵器简史

> 勒克莱尔主战坦克于1992年开始装备法国陆军，并于1995年开始进入阿拉伯联合酋长国中的阿布扎比酋长国陆军服役。勒克莱尔 Mk2 坦克是该型坦克的改进型，于1998年开始批量生产，装备改进后的软件和发动机控制系统。法国陆军拥有200余辆勒克莱尔主战坦克，并于2000年订购了另外96辆该型坦克。法国陆军计划最终订购406辆勒克莱尔，阿联酋的采购总数为380辆。

## 未来发展展望

即使"勒克莱尔"坦克的性能非凡，也有必要进一步提高性能，因为法国陆军计划其服役期限远至2030年。其性能提高分两步进行，即第一阶段性能提高计划，包括2006年完成敌我识别器、新式热像仪换装、辅助防护系统的研究；2008年强化装甲，提高火控系统跟踪目标与指挥控制能力，这一阶段目前已完成。第二阶段提高性能计划预计2015年实施，项目包括机动性、杀伤性、生存性、通信、指挥与控制和保障等。地面武器工业公司认为，其中杀伤性和生存性是重点。

在杀伤性方面，"勒克莱尔"2015型坦克将采用"波利尼格"炮射导弹进行视距外的攻击，并可配用140毫米滑膛炮，还重新设计自动装弹机。根据目前140毫米炮的设计标准，动能穿甲弹的发射药1万克，另加弹头外附的5000克发射药，可穿透1000米

外约1000毫米厚的垂直均质轧钢装甲板。

在生存性方面，共有3个主要项目。首先是隐身，地面武器工业公司运用在AMX30B2坦克上展示过的隐身技术，为"勒克莱尔"坦克研制1套多效能隐形组件，兼有视觉迷彩、抑制电磁波和红外线反射等功能。其次是软杀伤防护系统，该系统基本上和安装在AMX10RC装甲侦察车上的红外线干扰机类似，不过还加上1套自动探测及反应的辅助防护设备，以干扰敌方导弹或火炮的瞄准与制导。第3项为硬杀伤系统，称为"斯帕腾"主动防系统，该系统由电磁波和红外线探测器、指挥与控制系统和榴弹发射器组成，能探测出在50—70米的来袭目标，自动发射榴弹，拦截5米以外的来袭目标。此外，"勒克莱尔"2015型坦克还会采用更重型的钛合金复合装甲。

↻ 勒克莱尔后方的外挂油箱

> T-95主战坦克内特设乘员装甲保护舱
> T-95外形暴露面积小于任何俄军坦克

# T-95 新型主战坦克 》》》

**2010** 年4月，俄罗斯的媒体宣称，之前传说得沸沸扬扬的T-95坦克已经开始研制。俄专家评价说，T-95新型主战的设计在当今世界上是独一无二的，它解决了长期存在的坦克防护与机动性之间的矛盾，战术技术性能大大优于西方最新式的主战坦克，从而成为俄罗斯一个强有力的陆战新杀手。

## "坦克之王"

21世纪，随着火炮技术的进步、作战网络的完善，俄罗斯的主战坦克已开始了"钢铁蜕变"。而目前正在研制的T-95新型主战坦克正是这一坦克的典型代表。

T-95是吸引力指数比较高的候选车型，号称"坦克之王"。俄研发商宣称，T-95无论是火力、防护力，还是机动能力都是世界一流的。西方坦克若想超过T-95型坦克，至少还需要十年。俄媒体称，T-95坦克

目前已完成了沙漠条件下的一系列测试。

据悉，T-95的武器与现役坦克存在着显著区别。T-95采用了全新的设计理念，性能超过了任何一种现有的坦克。据外界分析，T-95全重为55吨，时速达50千米。在火力方面，T-95很可能装备一门152毫米口径滑膛炮，除穿甲弹和爆破弹外，专用的炮射导弹将成为T-95的"远程撒手锏"，可准确命中7000米之外的敌方坦克。在防护性和自动化程度方面，T-95采用大型遥控炮塔和自动装填机，3名车组成员全都身处有厚重防护的车体内，装载弹药的炮塔则彻底实现无人化。从设计上看，T-95贯彻了典型的俄式风格，将火力强、重量轻、外形低矮的理念发挥到了极致。为保证作战的性能，T-95的发动机为GTD-1250型燃气轮机的改进型，具有更大的单位功率与加速性能。

T-95采用一种新型悬挂装置，不仅能确保其在高低起伏的陆地上高速平稳地行驶，还可任意调节车

↑ 印度陆军目前装备了大量T-90S主战坦克

↑ T—95 坦克使"苏式铁军"复活

底距地高。该坦克还采用了一种新的隔舱式设计布局,其火炮安装在尺寸较小的无人炮塔上。T—95 安装了"窗帘"—1 光电干扰装置,以对抗敌方反坦克导弹,解决了坦克机动性和防护性相互矛盾的问题。

为提高坦克的主动防护能力,T—95 安装了"演技场"—1 全自动主动防护系统,该系统可 360°全方位拦截以每秒 700 米的速度飞行的反坦克导弹。新型火控系统将目标信息通过光学、电视和红外通道获取,与其相连的是一部激光测距仪和"演技场"—1 全自动防护系统。

## "苏式铁军"复活

据俄罗斯军事工业综合体网站 2010 年 7 月报道,俄斯维尔德洛夫斯克州工业科学部部长亚历山大·彼得罗夫在日前举行的新闻发布会上宣布,T—95 的研制工作已基本结束,乌拉尔车辆制造厂已开始着手生产数辆用于测试的 T—95 原型车。

乌拉尔车辆制造厂原本计划在 2010 年 7 月举行的下塔吉尔武器展上展出 T—95,

但俄罗斯防部官员随后表示,为了确保 T—90 的现代化升级计划能够顺利实施,将暂停 T—95 的研发工作。不过,彼得罗夫在接受媒体采访时表示,俄罗斯防部官员此前的决定为时过早,T—95 将会是一款能够让客户感到非常满意的产品。

规模庞大、机动性强的装甲部队一直是前苏联军队引以为傲的"铁拳"。如今,俄罗斯不仅无力维持苏式装甲部队的庞大规模,而且在研发新型坦克方面也长期裹足不前。目前,俄军装甲部队还是以冷战时期的 T—72、T—80 坦克为主力,仅装备小批量较为新锐的 T—90 坦克。事实上,T—72、T—80 和 T—90 本质上为同系列坦克,车体和外形大体相同,只是在电子系统、火炮和弹药方面进行了相应的升级和改进。

俄罗斯《新闻时报》指出,目前在俄军中服役的 T—72、T—80、T—90 等坦克的使用寿命普遍达到了 25—35 年,如果只是盯着升级旧型号,那么俄军军营中就会堆满过时的老坦克。

而 T—95 已经彻底颠覆了 T—72 系列坦

T-95 坦克发射的炮射导弹可在远距离击穿 1200 毫米厚装甲

克的设计理念，尤其是高度集成化的无人炮塔，不仅火力强大，而一改以往苏制坦克不注重乘员安全性的通病，使乘员获得了较好的防护。T-95 的投产可望一举扭转老型号当家的困局，标志着"苏式铁军"复活，必将为俄军装甲部队注入新的活力。

## 为何姗姗来迟

在此之前，有关 T-95 坦克的神话，已经流传了多年。按照俄军方最初的计划，T-95 本应在 1994 年装备部队。究竟是什么原因使 T-95 姗姗来迟？

据说，早在 20 世纪 80 年代，因为苏制坦克 T-72 在第四次中东战争中表现不佳，军方就想要研制出一款新型坦克，全面盖过西方，以泄愤懑。研究正搞得紧锣密鼓，不料平地惊雷，苏联解体了。此后，俄罗斯对内经济衰退，经费不足；对外一改美苏争霸的战略，全面回缩并寻求与西方亲善，这款研制中的超级大杀器，自然中途搁浅。

然而进入 21 世纪后，一方面俄罗斯经济复苏，另一方面以美国为首的北约连续东扩，步步紧逼，国内分裂主义，恐怖主义分子又嚣张作乱。这种情况下，俄罗斯又把尘封多年的 T-95 当宝贝抬了出来。

2007 年底，俄罗斯国防部副部长马卡罗夫大将对媒体宣称，T-95 坦克将在 2008 年完成实验，并在 2009 年装备到部队。一时之间，世界军事观察员的眼光都聚焦到了俄罗斯。

然而 2008 年过了，2009 年过了，关于 T-95 坦克，却并未有什么新动静，直到 2010 年，俄方才再次放出消息，说是 T-95 坦克已经开始研制。

## 引领履带革命

近半个世纪以来，坦克的基本理念没有发生任何变化，仍旧保持着有人旋转炮塔加直射火力的第二次世界大战遗风，而 T-95 的出现将彻底打破这一格局，掀起一场"履带革命"，届时简约的 T-95 可能受到追捧。

因为 T-95 的主要创新体现在无人设计、炮管工艺、大口径火炮反后座等常规技术方面，在此基础上利用自身在电子领域的优势，增强 T-90 的信息化程度，做到集

### 兵器简史

1996 年，时任俄罗斯国防部长的谢尔盖耶夫视察了乌拉尔运输机械厂。他对该厂研发的 PT5 坦克样车很满意，批准可用 T 系列名称进行生产。因为俄军方对 T-95 研发很低调，所以 T-95 仍未引起西方足够的注意。但是，当 T-95 坦克有可能外售沙特的消息传出后，欧美的坦克专家们和研发商们忽然有些发慌，因为他们发现 T-95 坦克正是俄军计划发展的一种新型坦克。它的技术水平把欧美坦克甩到后头，而新坦克新技术用到现役坦克改进上，也将大大提升俄陆军的战力。

普通的坦克乘员必须坐在炮塔里操纵火炮，而高耸的炮塔也就成为敌方火力最好的目标。T—95则采用了智能火炮和自动装填系统，无须专门的炮手操纵。这样，T—95的乘员不必坐在了危险的作战舱中，而是坐在隔绝开的乘员舱中，大大减小被命中的危险。

兵器解密

美、俄各种坦克优势于一身，其整体理念值得借鉴。

## 无力应对西方武器

一种武器的强弱，最能检验的地方是战场，而T—95新型主战坦克仅仅是一种概念坦克而已，没有任何实战检验，现在还无法做出关于其强弱的评论。

另外，T—95采用的所谓"先进技术"也值得商榷。无人炮塔，被砍掉的美国"十字军战士"自行火炮已经实现；先进测距仪和雷达的新型火控系统，现役主战坦克进行改装也能实现；"窗帘"—1光电干扰装置和"演技场"—1全自动防护系统已经安装在T—72、T—80和T—90坦克上。如此看来，不论是什么新鲜事物，西方的现役坦克都已经进行了尝试，俄军苦于无计可施。

尽管俄军方高层已提出向市场上推出全面超越第三代的第四代坦克。但俄专家们却怀疑，神秘的T—95仅是T—90的改良产品。他们认为，目前的俄罗斯国防工业系统缺乏必要的技术储备和设计资源，根本无力推出一种采用全新理念设计的新一代坦克。

而所谓"新式装甲"，也是俄罗斯一些专家之言，是否有"隐身设计，采取了主/被动和非/常规结合，采用了强度高、韧性好的全钛合金模块化装甲，使抗击能力达到或超过1500毫米厚钢板"，还须等T—95服役后再作评论。

总之，T—95主战坦克可能没有人们幻想的那么强悍，它的政治意义大于军事意义，不过现在一切都还是个未知数，只有等T—95服役后，我们才有机会了解它的真实能力。让我们拭目以待。

T—95底盘样机

# 特殊坦克

特种坦克意指装有特殊装备，负担专门任务的坦克。作为坦克大家族里的一支，特种坦克成员众多，包括水陆两栖坦克、工程坦克、架桥装甲车以及喷火坦克等。"二战"时，坦克家族分为重型坦克、中型坦克、轻型坦克三大类。20世纪60年代，坦克的发展出现了飞跃，重型坦克逐渐被淘汰，主战坦克在中型坦克的基础上出现并开始占据主导地位。除了主战坦克外，由于战争的需要，各国又研制出了许多担负特种任务的坦克，我们称它为特种坦克。

兵器知识

> Me 321"巨人"后改为 Me 323 重型运输机
> "领主"空降坦克具灵活、火力强等特点

# 空降坦克 》》》

**空**降坦克是通过飞机等空中运载工具和降落伞空运到敌人后方的坦克。作为空降兵的重要机动武器,它可以及时地引导伞兵或支援伞兵迅速穿插,发动突袭抢占敌方军事要地;也可作为活动火力点和伞兵协同作战。空降坦克通常装备于空降部队和快速反应部队,由于其机动性和快速行动能力,越来越受到各国重视。

## 主要特点

空降坦克与一般的装甲坦克不同,它一般隶属于空军空降部队而非陆军的装甲部队。空降部队中既装备空降坦克,又会编有一定数量的普通坦克,但普通坦克多是在空降后,开始地面作战时才投入战斗。与之相比,空降坦克投入战斗的时机要早一些。它们通常随空降兵一同空降,着陆后会立即投入战斗,并为空降兵提供火力支援。

空降坦克从开始出现到发展至现在,已经成为空降部队和快速反应部队的重要装备之一。它们犹如从天而降的铁甲战骑,能够迅速空降到世界各地,立即介入各种突发事件,协助空降兵和装甲坦克部队作战。空降坦克作为特种坦克一支中的成员,它的加入,令陆战之王更是如虎添翼,威震八方。

## 首次战役

世界战争史上,首次使用空降坦克而被载入史册的战役发生在 1944 年"二战"时期。这一年的 6 月 5 日午夜,英军和美军出动了数量庞大的架运输机和滑翔机,将 3 个空降师空降在了法国诺曼底。引人注目的20 架硕大的"哈米尔卡"重型滑翔机,搭载着英军第 6 空降师第 6 空降装甲侦察团的20 辆"领主"空降坦克紧随其后。

这次的空降行动从开始到最后,除了 1 辆"领主"坦克在飞行中撞破滑翔机头坠入海中、2 辆在着陆时严重受损外,其余 17 辆全部安全随着滑翔机在奥恩河畔着陆,并在驶出机舱后随即投入战斗,为盟军夺取着陆场立下大功。

随后,同样是这批空降坦克,它们在接下来的作战中击毁了大量德军火力点,并为

### 兵器简史

马克-7 轻型坦克于 1938 年由维克斯·阿姆斯特朗公司开发而成,机动性能非常出色,但装甲防护和火力较差,仅在1942 年 5 月攻占马达加斯加岛的登陆作战中被英军少量使用,结果损失惨重。维克斯公司在将其改装为领主坦克时,仅加厚了其要害部位的装甲,并将 40 毫米口径的主炮换成了 76.2 毫米榴弹炮。

兵器解密

　　1942年3月27日,通用航空公司(简称GAL)研制的第一架"哈米尔卡"原型机成功进行试飞,它是英国历史上体积最大的木质飞机。"哈米尔卡"最大起飞重量达12吨,其重型滑翔机由皇家空军"哈利法克斯"重型轰炸机牵引,是"二战"中盟军唯一有能力空降坦克的滑翔机。

英国空降兵提供了强而有力的火力支援。

## "领主"坦克由来

　　空降坦克出现早期,其进行空降的最为可行的方式是利用滑翔机实施机降,世界上最早成功进行滑翔机机降坦克的是德国。"二战"之初,德军使用DFS 230轻型突击滑翔机先后在丹麦、挪威、荷兰和比利时发动奇袭并取得了令人惊叹的战果。

　　1941年,德国开始研发一种专门用于空降坦克的重型滑翔机——梅塞施米特Me 321型"巨人"。这款滑翔机在设计之初就已经考虑到了未来将搭载坦克的可能,并为搭载坦克预留了空间。该机前机舱空间巨大,而且机头拥有高达3.35米且可以左右开启的舱门,以方便坦克进出。如果仅从技术角度讲,"二战"时德国已经能够成功进行滑翔机机降坦克。但事实是,德国人仅仅停留在了利用滑翔机或运输机输送坦克这一步,却并未实施和发展真正意义上的坦克空降作战。

　　随后,受到德国人启发的英国人开始着手组建空降部队,1943年英国为了给初具规模的空降部队提供火力支援,仿效德国的做法,开始了空降坦克的设计构想。英国人用本已废弃不用的马克-7轻型坦克改进成了"领主"空降坦克,没有想到的是"领主"竟然在此后的战场上立下了赫赫战功。

🔸 M551 轻型空降坦克

**兵器知识**

> 两栖坦克有螺旋桨、喷水等推进方式
> M113采用全履带配置并有部分两栖能力

# 水陆两栖装甲车 》》》

坦克虽然被誉为陆上之王，但是这并不意味着它从不下水或者说就是体积庞大的旱鸭子。事实当然不是这样，一种被称为水陆两栖装甲车的车型，就是装甲车家族里会游泳的成员。它们不仅具有出色的浮渡和潜渡能力，而且在陆地上的机动性和火力等性能，与其他的装甲车比起来，也是毫不逊色。

AAV7车体为铝合金装甲板，采用整体焊接式全密封结构，能防御轻武器、弹片和光辐射烧伤。车体外形呈流线型，能克服3米高的海浪并能整车浸没水中行进。

## 一般坦克渡水方式

从世界上第一辆坦克诞生，坦克就和水结下了不解之缘，尽管它被人们冠以"陆战之王"的称号。一般的坦克都可以下水，目前坦克的下水方法多有两种，轻型坦克通常可以靠自己的浮力漂在水面上，同时靠自己的另一套独立的推进器助推前进，这种坦克一般可以在任何水域里前进。中型坦克因为车身较重，不能靠自己的浮力飘在水面上。不过靠着发动机上加装的两根长长的进气管和排气管，中型坦克也能够下到5—6米深的水里。这时，用于进气

和排气的两根管子必须要露出水面，同时坦克还要靠自己的履带在水底的土上前进。因为受管子的限制，所以这类坦克一般不下特别深的水。

## 主要特点

水陆两栖坦克是特种坦克的一种，主要用于水网地带、强渡江河和登陆作战。此类坦克能依靠自身力量进行浮渡，通常都装有水上推进装置，是可以在水上和陆地使用。如果按战斗全重来分，两栖坦克当属轻型坦克一类。它具有较强的火力，机动性好，但防护性能比较弱。为了保证能够在水上顺利浮渡，它不能装很厚的装甲，一般只有15—20毫米厚，只能防御轻武器和炮弹破片的攻击。两栖坦克在克服水障碍方面，能够进行潜渡，但潜渡水深不能超过5米，潜渡江河的宽度一般不宜超过1000米。两栖坦克还能在水中打炮，火炮能转到侧面90°位置进行射击，且不会因射击的后坐力

在苏联早期研发生产的 BTR-50 系列装甲运输车中，BTR-50P 可谓是一款声名远扬的两栖运输车。为了使战车更好适应水域环境，这款装甲运输车在车体前部设置有防浪板，并采用喷水式水上推进装置。BTR-50P 乘员有 2 人，可载员 18—20 人。

兵器解密

M113 是美国生产的一种装甲运兵车，具有一定的越野能力。该系列战车家族还衍生出较多的变型版，可以担任从装备、兵员运输到火力支援等诸多战场角色。其独特的履带结构因为重量轻而能在不外加漂浮装置下越过一些较浅的水域，履带是其"游泳"的主要装备。

而翻车。水陆坦克车体尾部左右两侧一般会各装一个喷水式推进器，当其在水上行驶时，车头会竖起防浪板，同时挂"水上挡"，使发动机的动力以分动箱带动水泵中的泵轮旋转。

## 发展历程

两栖坦克的发展，最早是在第一次世界大战后。苏联、法国和美国等最先研制出水陆两用坦克的样车，但都未能供部队实际装备使用。苏联的第一辆水陆两用坦克样车是由孔德拉季耶夫等人于 1920 年

设计制造的，设计师阿斯罗夫等人经过多年反复改进试验，在 1932 年制出了第三种样车——T-37 水陆两用坦克，并于 1933 年正式投入生产。T-37 是世界第一种装备部队的水陆两用坦克，后来苏联又成功研制了 T-38、T-40 等轻型坦克，此后，美国等紧随其后，竞相发展，美军研制的 AAAV 两栖突击车当属目前最为先进的两栖战车。

两栖坦克在二战时也发挥了巨大作用。1944 年 6 月 7 日，英吉利海峡狂风呼啸，海浪汹涌。谁也没能想到，盟军会利用这样的恶劣天气发起诺曼底攻击。在海面上，盟军的水陆坦克忽沉忽浮。当它们爬上诺曼底海滩时，岸上的德军还没察觉。水陆坦克先发制人，开炮向德军阵地射击。顿时，德军阵地上炸开了花。随即，盟军的登陆艇紧跟着驶向海滩，在水陆坦克的掩护下，攻占了诺曼底。

> 传统喷火武器射程多在100—200米之间
> 俄军喷火坦克多混编在坦克营或坦克团

# 喷火坦克 >>>

**在** 现代战场上,有这样一种骇人的武器。当其在阵地上摆开架势,随着一阵令人恐惧的巨大轰鸣呼啸而过,一瞬间敌方的阵地上就腾起熊熊大火,随即化为一片可怕的焦土,这种具有强大震撼力的武器就是喷火坦克。喷火坦克的出现打破了传统喷火武器只能在近距离作战的局限,它结合了火箭和喷火武器的双重功能,在战场上产生了强大的威慑力。

## 巨大威力

第二次世界大战期间,盟军曾采用了用普通坦克改装而成的"喷火战车"。但是这些喷火坦克往往只是简单地将普通坦克上的车载机枪替换成火焰喷射器,并加装燃料拖车改装而成,不仅射程十分有限,而且操作起来具有很大风险。传统的喷火武器通常是利用压缩空气的压力,将燃油喷出,在炮口处由点火器点燃,并喷发出火焰。这种喷火装置可用于在近距离内喷射火焰,以杀伤敌军有生力量和破坏对方的军事技术装备。与之相比,喷火坦克则可用于穿越地雷区,摧毁敌人火力强大的堡垒、沟壕内目标等。坦克喷火装置由喷火器、燃烧剂贮存器、高压气瓶或火药装药、控制器等组成。喷火坦克的主要武器装备各有不同,有些喷火坦克以喷火器为主要武器;有些以喷火器为辅助武器;有的则是采用专门的喷火器塔,必要时可卸下喷火器塔,换装上原有的坦克炮塔。

⟳ 在第二次世界大战后,"丘吉尔·鳄鱼"喷火坦克作为珍贵的战争文物,存放于大英战争博物馆中。

兵器解密

TOS-1喷火坦克将T-72坦克上原来的旋转炮塔以及125毫米主炮换成了带装甲防护和先进火控系统的双人武器站，并在车体上安装了一部箱式发射器。其置于发射器上的火箭发射筒分4层排列，一次齐射所需时间仅为7.5秒，射程在400—3500米之间。

◄━━━━ 兵器简史 ━━━━►

TOS-1"喷火坦克"完全颠覆了传统设计，它的战斗使命已经不是简简单单地"喷火"，而是远距离、大面积地进行轰炸和纵火。20世纪80年代，苏军曾将TOS-1用于阿富汗战场。事实证明，这种喷火坦克特别适合于山地、岛屿、坑道和壕沟等地形作战，具有其他武器所没有的精神震慑的作用。

## 发展过程

在1935—1941年意大利与埃塞俄比亚发生的战争中，意大利人使用了喷火坦克，这也是喷火坦克首次出现在战场上。第二次世界大战期间，喷火坦克得到广泛使用，其主要代表有英国的"鳄鱼"喷火坦克等。这些喷火坦克，通常携带的喷射燃料为200—1800升，可喷射20—60次，喷火距离60—150米。"二战"以后，美国以M4A4、M5A1、M48A2等坦克改装成多种型号的喷火坦克，有的曾在朝鲜战争和越南战争中使用。70年代以后，有的喷火坦克的喷射距离已超过200米。在这些种类繁多、各式各样的喷火坦克中，苏制的TOS-1"喷火坦克"虽然不是风头十足，但也同样赫赫有名。

## TOS-1喷火坦克

一些军事杂志曾披露，仅用一辆TOS-1齐射全部火箭弹，在7.5秒钟内便可摧毁一个小型村落和较大范围的集群目标。且不管这个结论是否夸大其词，但是TOS-1喷

火坦克的强大威慑力足可想象。据介绍，TOS-1全重42吨，由3名乘员驾驶并操纵，能保持高达60千米的时速，而且能够适应在崎岖复杂地形中行驶。由于采用了苏制T-72坦克的底盘，其防护性能也十分优良。在火力方面，TOS-1装备了一个带装甲防护和先进火控系统的双人武器塔，它通过电动方式可实现任意旋转升降。其武器系统为24管220毫米火箭发射器，可装纵火弹头和空气燃烧弹头（也称温压弹）。TOS-1的设计者们将火箭与喷火武器的功能结合起来，发展出新颖的火焰燃烧式火箭。像TOS-1这样的喷火坦克的火箭弹里，其所装备的燃料为新的化工制品三乙基铝。三乙基铝遇空气可自燃，遇水爆炸，土掩后倘若外露仍能自燃。装备了这种燃料的火焰燃烧式火箭还能充填特殊的"云爆剂"，在爆炸瞬间，可产生大量高温高压气体，使相当于几个足球场范围内的人员因窒息而失去战斗力，真正做到"杀人不见血"。

🔊 正在发射火箭弹的TOS-1"喷火坦克"

> 未来架桥车桥断面结构有箱型、U型等
> 中国84式坦克架桥车采用79坦克底盘

# 装甲架桥车 »»

"一战"期间,随着第一批坦克问世,英国随即推出了世界第一辆装甲架桥车——MKV装甲架桥车。这种长达7.5米的长桥,足以克服当时阵地战上的几乎任何沟壑战壕,为坦克在战场上的畅行无阻做出了巨大贡献。直至今日,世界各国发展装甲架桥车的进度并不均衡,且在装备水平方面存在着较大差距,不过这也为装甲架桥车的发展提供了很大发展空间。

## 发展历程

1918年,英国人研制出了世界第一辆装甲架桥车。紧随其后,法国也开始研制架桥车,并于1927年用雷诺FT17坦克的底盘做试验。1938年,法国人制造出了一种半履带式装甲架桥车。世界第一代装甲架桥车的桥梁结构基本是翻转式的,最大越壕宽度为9米左右,英国研制的范伦泰架桥车、丘吉尔架桥车均属此类。20世纪50—60年代,随着坦克技术在"二战"中的快速发展,装甲架桥车的种类和性能也相应得到了提高。进入70年代后,一些主要国家出现了剪刀式、平推式架桥车,。这种类型的装甲架桥车桥长多在20—22米之间,载重量为50—60吨,其典型代表有法国的AMX—30架桥车,联邦德国的"海狸"架桥车等。20世纪80年代以后,装甲架桥车步入了一个全新发展时期。美国研制出了以M1"艾布拉姆斯"主战坦克为基础的重型突击桥样车,此类重型突击桥的出现,为第三代装甲架桥车的规模化研制奠定了基础。

⤵ 正在进行架桥工作的坦克架桥车

## 剪刀式架桥车

各类装甲架桥车因其车身结构和作用原理不同,而各有不同特点。剪刀式架桥车大多采用坦克底盘,因而具有和坦克相差无几的防护能力和机动性。剪刀式架桥车按桥体的折叠方式分为

第二次世界大战期间，出现了一批以卡车底盘为基础的轮式装甲架桥车。其主要代表有20世纪70年代以来研制的联邦德国的"鼹蜥"轮式架桥车，日本81式轮式架桥车以及俄罗斯T毫米机械化撤桥架桥车。

兵器解密

以色列的 MTU-20 装甲架桥车，使用苏联的 T-55 坦克底盘。

两节的单折叠式和三节的双折叠式两种。桥节一般为双车辙式，桥节与桥节之间用铰链连接。在正常行军时，桥节会折叠在车体上部，当需要架桥时可通过液压操纵设备使桥节竖立起来。这时，桥节会像剪刀那样张开，最后展开成一直线，并逐渐下降搭落在障碍的两端。剪刀式架桥车的缺点是目标较大，容易暴露并被敌方发现和击毁。

## 平推式架桥车

平推式架桥车一般采用坦克或卡车底盘，是一种按照滑移原理架设的桥。此类架桥车的桥体多为单节式或者双节式，双节式桥在行军时可折叠在架桥车车体上部。平推式架桥车的优点在于暴露目标较小，但是

### ◀兵器简史

未来架桥车的发展趋势是：桥的结构类型趋向于双节平推式和双折叠剪刀式；翻转式和车台式架桥方式可能被淘汰；架桥车的桥梁跨度最大将可能达到30米；重型架桥车的载重量将向70吨级发展；采用高强度焊接铝合金，将成为未来桥体的主要结构材料。

由于其结构太复杂，需要的辅助装置也比较多。除需要架设机构外，它还需要导梁来辅助搭桥工作。单节平推式架桥车有巴西的XLP-10装甲架桥车；双节平推式架桥车有联邦德国的海猩架桥车等。

## 其他类型架桥车

单节翻转式架桥车在行军时，桥体通常是斜置于车体前面。其缺点在于操纵费力，且桥长一般很难超过15米，而且架设目标较大；优点在于结构简单，架桥和收桥快，其代表有英国VAB维克斯架桥车。车台式架桥车所携带的桥体由三部分组成，中间一段固定在车体之上，两端部位折叠在中间部分。其优点是结构简单，桥体较长，但由于车辆笨重，在架桥车驶离障碍底部时比较费力，英国"丘吉尔"架桥车为此类架桥车代表。

兵器知识

> M728工程车有1门165毫米破坏工事炮
工程坦克有陆上、可空运性、水上机动性

# 装甲工程车 >>>

装甲工程车,又称战斗工程车,它是伴随坦克和机械化部队作战并对其进行工兵保障的配套车辆。战场上,工程坦克的基本任务是清除和设置障碍、开辟通路、抢修军路、构筑掩体以及进行战场抢救等。在现代战争中,有了装甲工程车的支援和保障,各种现代化的战斗武器才能更好地发挥作用,部队的作战效果也得到了大提高。

## 发展过程

装甲工程车是现代装甲兵部队一种不可缺少的支援车辆,它有着悠久的历史。自从1943年英国装备了"丘吉尔"装甲工程车,到了第二次世界大战后,装甲工程车的发展速度开始稳步上升。20世纪60年代以来,世界各国相继研制和装备了一系列不同类型的装甲工程车。1968年,美国陆军装备了M728战斗工程车,联邦德国于1969年装备了"豹"式工程车。70年代,苏联发展了以T-72坦克为基础的NMP战斗工程车,日本则装备了75式装甲推土车。进入80年代后,联邦德国的"獾"式战斗工程车,中国的82式履带军用推土机相继产生。1990年,美国小批量投产了一种多功能障碍清除车。

## 装甲工程车类型

目前的重装甲工程车一般采用主战坦克底盘,大体具有与坦克相当的防护能力和机动性,用于伴随和支援第一梯队坦克集群

的战斗。如西班牙M-47E21装甲工程车即由M47坦克改装而成,苏联的NMP战斗工程车则由T-72坦克变型而来,联邦德国的"豹"式和"獾"式装甲工程车由"豹"1坦克改造而成,美国M728装甲工程车由M60/M60A1坦克改造而成。但是轻装甲工程车的情况则有所不同。有的轻装甲工程车采用轻型坦克底盘,有的采用了轮式或履带式装甲车底盘,还有的采用专门设计的底盘。如法国的VCG装甲工程车利用AMX-13轻型坦克改装而成,日本的75式快速履带推土车、美国的M9装甲战斗推土车和英国的FV180装甲工程车都采用了专为装甲工程车设计的专用底盘。它们的装甲防护能

### ◀◀ 兵器简史 ▶▶

未来的装甲工程车将会在提高车辆机动性、提高车辆生存力以及作业能力三个方面做足功夫。目前装甲工程车的陆上机动性基本得到保障,其可空运性和水上机动性还有待加强。未来的工程车辆还将装备三防装置、灭火系统、烟幕施放和伪装设备等,其作业装备将向着多功能方向发展。

美国的M9装甲战斗推土车可实现空运和空投。装甲工程车的水上机动性不仅要求车辆要有涉水能力，而且还要有浮渡和潜渡能力。M9装甲战斗推土车就可借助履带在水上浮渡前进，航速可达时速4.8千米左右。另一种FV180工程车则可借助喷水推进器推进。

兵器解密

力和机动性大体与步兵战车、装甲输送车相当。一些非装甲工程车多数是履带式或轮式推土车，又多从民用履带推土机或轮式车辆发展而成。有的带有装甲驾驶舱，如中国的82式履带军用推土机，联邦德国的ZD3000轮式推土车等。

## 主要装备

根据用途不同，装甲工程车的车体或上部结构上安装的作业结构也各有不同。一般的装甲工程车上，挖斗或铲斗是其主作业装置；推土铲一般装在车前，也有的装在车前和车尾，以色列的装甲工程车就属此类。大多数装甲工程车都配备了液压绞盘和吊臂，用于抢救或起吊重物。装甲工程车上的地锚通常采用火箭推进，起固定或支撑车辆的作用。英国FV180装甲工程车的地锚，它的最大发射距离能够达91.4米。工程车的地锚与绞盘通过钢绳连接，当工程车驶离陡峭堤岸时，用于支撑车辆。地钻是装甲工程车的另一重要装备，主要用于挖掘垂直掩体，如豹式装甲工程车的吊臂上就备有地钻。出于排雷、扫雷的需要，装甲工程车上有的还备有扫雷犁/推土铲等联合作业装置。美国的COV车就装备了两把铲刀，当其旋转成V形时，起扫雷犁作用；转成直线形时，起推土铲作用，并可清扫出一条5米宽的通路。装甲工程车上的破坏工事炮用于破坏野外防御工事和路障；爆破装药发射管和地雷发射管，用于破坏野战工事和路障或布设地雷。如法国的AMX-30战斗工程车(EBG)的炮塔下部有1门短身管炮，发射爆破装药，射程为30—300米，炮的两旁还有地雷发射管，可以在60—250米范围内布设地雷，用于炸毁坦克底装甲或炸断履带。

正在进行演练的装甲工程车

# 装甲车辆

　　强大的坦克只是属于装甲战车中的一种，庞大的装甲车族里，除了坦克，还有着其他各具特色的分支族类，比如装甲运兵车、步兵战车、装甲救护车、装甲扫雷车等。这些装甲车辆有的可能采用了坦克的底盘，以坦克为基础设计而成，还有的更可以说是从坦克脱胎而成。倘若不是专业的军事迷，恐怕一般的外行还真区分不出其真假身份。不过总的来说，它们的分类还是以其用途为标准的。

> 轮式装甲运输车成本低，野战性能较差
> 我国装甲运输车全重多在 12.6—16.5 吨

兵器知识

# 装甲运兵车 》》

"一战"末期，英国人研制了履带式和轮带式装甲人员输送车。"一战"结束后直到"二战"期间，世界各国都开始大量发展装甲运兵车，并不断完善其装备。装甲运输车主要用于战场上输送步兵，也可输送物资，必要时还可用于战斗。装甲运输车可分为履带式和轮式，有的装甲运输车在车体两侧开有射击孔，便于步兵乘员战斗。

## 发展情况

早期的装甲运兵车车顶部多为敞开式或半敞开式，这种类型车辆的出现，显著提升了步兵的机动能力。所以"二战"以后，该型车辆得到迅速发展，许多国家甚至把装备这种车辆的数量作为衡量陆军机械化程度的标志之一。进入 20 世纪 60 年代以来，装甲运输车出现了一种新的发展趋势。许多国家纷纷在该种车辆上增设了小型单人炮塔或指挥塔，安装了小口径机关炮，并采用了性能更为优良的全自动传动装置和悬挂装置。随着核武器的出现，装甲运输车又从原来的敞开式或半敞开式改为全密闭式结构，以增强车辆的整体防护性能和"三防"能力。从 20 世纪 70 年代开始，各国又先后大力发展轮式装甲运输车。不仅发达国家如此，一些发展中国家也加入了这一行列。由于轮式装甲运输车辆装备量大、适应性强等特点，它还发展出了多种变型车辆。

## 主要性能

装甲运输车辆主要装备于各国的机械化步兵师。该种车辆车体一般由钢板或铝合金装甲板制

苏联 BTR－50 装甲运兵车

我国的 A531 系列和 YW531C 系列装甲运输车每侧有 4 个直径 760 毫米负重轮,没有托带轮,装有两个摆式液压减震器以及钢销履带。而后来的 B531 系列和 TW531H 系列车的每侧则增加了 1 个负重轮,装有 3 个托带轮和 3 个筒式减震器,履带为带有可拆卸橡胶衬垫的钢销履带。

兵器解密

⚙ 印尼 Pindad 装甲运兵车

造,能够对炮弹碎片和 1000 米开外的枪弹袭击产生有效防御。车辆战斗全重一般为 10—15 吨,乘员 2 人,通常可搭载 11—15 名步兵。其发动机和传动装置一般都安装在车体前部或者前部一侧,驾驶员设在另一侧。这种设计为驾驶员提供了较好的观察条件,又在车后形成了完整的载员舱。车尾的装甲通常开设有供搭载的步兵,快速和隐蔽上下车的后大门。

## 轮式车辆未来发展

近年来,世界各国都在大力发展装甲运输车的改良型和衍生型车。在最新的装甲运输车族中,美制的 RO2000、德制的美洲狮 ACV 系列、瑞典的战车 90 系列等较为著名。轮式装甲运输车辆未来车型主要特点有:车体战斗全重多在 14—16 吨;车体的外形、车内布置和主要部件趋向和适应越野行驶;多数车辆将采用大型单胎,车胎既能防弹又能调节气压;可安装从 7.62—105 毫米口径火炮;车体能防机枪弹和炮弹破片等。

### ◀▶ 兵器简史

目前国外装备的履带式装甲人员运输车主要有美国的 M113A1、M113A2、M113A3,英国的 FV432,瑞典的 PBV302 等型号。俄罗斯的 BTP-60IIB、BTP-70、BTP-80,联邦德国的 TPZ-1,瑞士的"皮兰哈"等都是比较典型的轮式装甲运输车。

> "史崔克"装甲车由通用动力公司开发
> "史崔克"装甲车最高负载将近3吨

# "史崔克"装甲车 »

美国陆军的"史崔克"装甲车具有和坦克一样致命、和悍马一样迅速的车辆系统，并有足够强大的移动性。当装有120毫米火炮的M1坦克因庞大的身躯而无法被迅速部署到战场上，因其复杂的构造而需要更多人力给予支持时，美国陆军开始了一种在装甲武器的巨大威力和灵活性之间寻找具体可行的平衡状态的计划，这就是"史崔克"装甲战车计划。

美国"史崔克"M1126装甲指挥车

能够以多架 C-130 运输机完全空运投射到前线战场，全旅以悍马车和史崔克为移动载具，直接开下飞机后就能作原野战或城市战，在冲突扩大前期就予以介入和压制敌军士气，同时，对第一线战场进行评估以供后方统帅做下一步决策。所有车辆都必须达到完全资讯化，是美国国防部对该战斗旅提出的主要要求。据悉，美国国防部期望以此资讯战方式使车辆本身不需搭载重武装和重装甲，获得了更高机动性和空运力。

## 产生背景

为了配合美军在世界各地各种强度不同的局部武装冲突的实际需要，用来装备美国陆军未来主要作战行动中，能够快速介入、快速抵达、快速展开且高度资讯科技化的地面轻装甲部队，"史崔克战斗旅"的计划应运而生。这项计划中，该战斗旅级单位

## "史崔克"计划

美军的"史崔克"计划不是要制造一种

"史崔克"的车辆指挥官监控着七个M45潜望镜、一个摄像机和一个热成像系统。紧靠指挥官座位旁还有一个计算机终端，这是一个连接到战场上所有车辆的最大安全数据和通讯网络，负责提供他们实时收集的信息，包括侦察机和窃听系统收集的信息。

### ◀◀◀ 兵器简史 ▶▶▶

M1主战坦克的巨大火力使其具有了几乎可以担任任何战斗任务的能力，但约60吨重的身躯却给它带来了大麻烦。由于体积太大，M1不能通过空军的C-130运输机进行空运。而车辆带有的火力和装甲越多，需要的支持系统也越复杂。于是，这种最有威力的装备常因此错过最佳战机，这也成为"史崔克"计划诞生的原因之一。

车辆，而是要制造一系列相似但有不同特定用途的车辆，所有的车辆共享部件、技术以及一个基本的结构。这一系列的车辆容纳了各种的史崔克结构车，各种"史崔克"结构车紧密相关，所有车辆都能够共享备用零件，包括轮胎、装甲以及导航系统。相比M1主战坦克规模庞大的支持系统以及维修队伍，"史崔克"系列装甲车只需更少的专业技师和零件。而与相似的车辆相比，它们在运输机上需要更少的空间。这种优势使得该装甲车在陆军的作战部署中获得更好的适应性，能够为军事计划人员提供更广泛的选择空间，并确保在一场特定的战斗中，随时出现的各种需求都能够及时高效地得到满足。

### 轮胎设置

"史崔克"通过8个车轮前进，而坦克、重卡车或者装甲人员运输车通常都是通过履带。众所周知，配备车轮的车辆一般比配备履带的车辆速度要快，但相比而言，配备履带的车辆能够适应的地形则要多得多，因而具有更好的越野性能和机动性。考虑到这一点，为了令"史崔克"也能达到这两个方面的平衡，它的轮胎采用了一种新技术，这种技术据说可以使轮胎几乎与履带一样万能。"史崔克"装甲车在轮胎上设置了一个专门的压力控制系统（CTIS，即中央轮胎膨胀系统），这种设备能使人们在车辆内部随意对这些轮胎进行充气或者放气。这样一来，它就获得了比一般车辆轮胎更好的灵活性。"史崔克"有比坦克更快的速度，而且由于配备了CTIS，它也具备了坦克的越野性能，在硬地和软地上都能前进。另外，CTIS还使"史崔克"减轻重量，便于运输。"史崔克"可选用四轮驱动或全轮驱动，由一个带有双速分动箱、可自动变速的涡轮柴油发动机提供动力，有六种前进速度并且有倒退行驶的能力。

🔺 "史崔克"M1129迫击炮车

# M113 装甲运兵车 》》》

M113是美国生产的装甲运兵车，它曾从美国外销至世界的许多国家，并以便宜好用、方便改装等特点在各国军队里闻名遐迩。M113系列装甲运兵车有着众多的变型车辆，它们被派往不同战场，并担负起了从运输到火力支援等不同的战场角色。M113并非坦克，但是它被设计成了战斗车辆，在越战时期甚至还是披挂了最新反应装甲的战斗载具。

🔺 希腊军队装备的 M113 装甲车

左右生产的 M59 和 M75 装甲车。其最早的设计者是食品机械公司的山·乔斯，乔斯的初衷是一种"空运多用途装甲载具"，而最终设计成为一种可以多用途、全地形作战的装甲战斗车辆。M113 最初有两种概念的设计，即 T113 和 T117，其中 T113 即是后来的 M113。军方最终选择了 T113 而放弃了 T117 的原因，据说是因为前者比后者轻，其使用的是铝材质而非铁，除了材质有所不同，两款设计在其他方面基本雷同。T113 后来改良为 T113E1，直到 20 世纪 60 年代被美军改称为 M113；而另一种柴油原型车 T113E2 于 1964 年投产，并发展成为后来的 M113A1，并且它很快就取代了 M113 的地位。

## 🔸 诞生过程

M113 系列装甲运兵车曾获得史上"十大步兵战车"第一名的殊荣，这无疑与其独特的结构设计和良好的技术性能密不可分。M113 采用全履带配置并具备部分两栖能力，也有不错的越野能力，在公路上可以高速行驶。更早期的 M113 研发原型来自食品机械公司和凯萨铝化学公司，于 1950 年

## 独特装甲材质

M113采用飞机用铝材质打造而成,密度较轻的铝材质让M113可以在更轻重量中同时拥有与钢铁同级的防护力,以及更为紧密的结构。另外,它的轻重量也使其获得了使用比较轻的小马力引擎的可能,为其运输和用直升机或定翼机越过原野进行运输投放,创造了便利。而较轻的重量更使其能在不外加漂浮装置的情况下,使用履带"浮游"并顺利越过一些较浅的水域。M113虽然是轻装甲,但是还是可以外挂反应装甲,有的还加强了金属板,或增加了"栅栏式装甲"。越战时很有效的枪盾,在伊拉克战争时也改用新玻璃材料制作成的透明枪盾。

## 动力装置

现今最先进的M113A3型装甲运输车,其最大行动范围大约为480千米,最大速度为时速64千米。升级型的M113A3增加了防破片衬垫,并配备了有装甲的外挂油箱。

其装甲块有钛、铝、陶瓷和高硬度钢等四种材质,可视情况而选用。因其重量各有不同,所以最大速度也各有不同。具备新型履带和油电混合装置的M113,能以安静无声状态高速行驶,并且行驶300—600千米远都不必加油。现今的美军M113车队包含混合了A2版和一些改装型的A3 RISE(可靠度改良套件),其标准RISE套件包含了升级动力系统——涡轮引擎和新的传动装置,采用新型的动力刹车和传统驾驶盘,大幅增强了装甲车的操控性。此外,还备有外挂油箱,200安培的交流发电机和4电池,而更多的A3还将装备有防破片内衬和外挂装甲。

## 越战经历

M113于1960首次进入美国陆军服役,按照最初的设计理念,这是一款具有高机动、高生存性和高可靠履带平台,可供随时跟在当代装甲车辆和战车后方作战的运输装甲车。M113车上的主要乘员仅有两人,

▶ M113A2 防空导弹车型

即驾驶员和车长，可运送 11 名步兵。其主要武器装备是一挺 12.7 毫米 M2 重机枪，一般情况下由车长操作。

M113 首度参战是在 1960 到 1962 年间的越战，而越南战争也被认为是首次采用 M113 建立机械化步兵概念的战争。当时美军的一个机械化步兵营包含了多辆 M113 和一个指挥部、维修部门、医护部门、战场回收部门、迫击炮部门、侦察部门等。M113 在越战期间也曾作为护卫车辆使用，并和 M48 或 M551 坦克一起作战。越战中美国空军还使用 M113 和 M113A1 ACAV，装备空军基地的保安队，也同时被提供给当时的南越军队。

南越军队在使用过程中，根据自己的实际需要，对 M113 装甲车进行了改装，这些改装包括加装炮塔和机枪以及加装无后坐力炮等。M113 为了达成兵员运输用途，必须能防御前线小口径武器和间接炮弹碎片。越战早期，南越军队因为难以驾驭 M113，并且发现在遭受突然进攻时，由于车体其他部位有装甲防护，而位于 M113 车顶的重机枪手则暴露在外。所以敌军的轻武器火力都集中攻击重机枪手，常常造成机枪手死亡事件，并进一步导致该装甲车难以进行还击。

M113 是越战中最常用的装甲运兵车，图为一辆 M113 在执行跟踪任务。

为此，南越很快自己制造了一种枪盾，用来掩护车顶机枪手。

## 多功能 ACAV 车型

M113 装甲车的骑兵攻击型雏形 ACAV 车型，产生于 20 世纪 60 年代前后，并于 60 年代早期开始投入战争。早期的 ACAV 车并非真正意义上的该型车，但在越战战场上的作战中，根据实际需要加强了枪盾和侧面装甲的防护。1962 年间，M113 暴露出其后车门和车长门容易被攻击的缺陷，同时由于战争需要，军方也产生了一种"以 M113 来作为两栖战车，以便在沼泽区进行攻击行动，而不只是最初设计的运兵车用途"的实际需求。随后，在一种"把 M113 的成员当成介于步兵和战车员之间可以互换的角色"改进理念的指导下，M113 的"ACAV"构型应运而生，并于 1965 年开始成为美军的制式装备。与此同时，M113 的 ACAV 车型也逐步取代了一些轻型坦克和侦察车的任务，但 M113 装甲运兵车并未削弱，它依然能载运 11 名兵员和 2 个车员。ACAV 车型的诞生，

### 兵器简史

M113 完整的 ACAV 升级套件包含枪盾和旋转式炮塔装甲，主要是在 M2 重机枪外侧和两具外加的 7.62 毫米 M60 机枪上附夹了枪盾，用来掩护两侧和后方舱门。后来，这种设计套件被加装到了所有 M113 上。最后一批加装此套件的是美军第 11 装甲骑兵连，该连在美国马里兰加上套件后，直接开赴到了越南战场。

兵器解密

许多M113虽然经过升级，但是因为车体材质以及重量限制等原因，所以其整体防护力仍然劣于越战后服役的步兵战斗车。但是，大部分的步兵战斗车因重量问题，而难以进行长距离运输，而车身较轻的M113则正好因此被保留继续服役，并被改装成多种作战平台。

使得 M113 在战场可发挥的作战弹性空间大大增强。这辆装甲运兵车连同车上的13个人，时而可以像步兵那样分散作战，时而又像一辆装甲侦察分队，而当参与突发战斗时，它俨然又成为了一辆多机枪小坦克。

## ACAV 的改进装置

M113 的 ACAV 构型，其标准 ACAV 套件包含了枪盾和车长位置的圆型 50 机枪塔以及 M2 重机枪，另外还有 2 把外加枪盾的M60 机枪。这两挺机枪位于机枪塔的左右后方，其中间部位也加装了由较薄的钢板制成的"腹部装甲"。后方的两名机枪操作员可以在打开上部矩形货舱门后，直接开火作战，这种设计使得M113可以随时由运输车辆转变为一种战斗车辆。不过，虽然ACAV能够进行机动作战，但其车体必然不能和真正意义上的装甲坦克相提并论，车辆本身最多只能承受轻武器的攻击。在越南战争期间经过修改后的ACAV套件，现今依然在部署到伊拉克的 M113 系列装甲运兵车上继续使用。不过"入境随俗"的M113到了伊拉克战场，也同样被做了一些改造。如有的M113装甲车被安装上了一具改良的圆形枪塔，并且撤除了枪塔后方的两把机枪，并加强了车长所在位置的装甲。

## 众多昵称

M113一直没有官方标准昵称，但是自从其诞生直到现在，多年来有无数与其朝夕相伴的士兵为它取了各种昵称。比如，越战

时的南越就称其为"绿龙"，瑞士对它的昵称寓意为大象的溜冰鞋，德国称它为方型猪，美军士兵有时干脆简称其为"履带"。不过，在这些众多的昵称当中，并没有一个是美军正式发布的称呼。尽管如此，一些装备了 M113 装甲车的国家和地区却为它取了各含其意的有趣名称。如以色列对它的官方称呼意为"印度豹"，但是士兵底下却叫它"Zelda"。这个称呼源于打火机品牌"Zippo"的名字，因为M113一旦被反战车武器打中，就会迅速起火。澳大利亚称M113A1是"铁水桶"，而加装了76毫米炮塔后的M113A1则被称为"野兽"。挪威人对M113的称呼则不那么好听，他们称其为"越南垃圾车"；而一些军事期刊或书籍，有的也会称它为"战场出租车"。

越战中 ACAV 型与战车偕同作战

兵器知识 ＞ 目前步兵战车多配第二代反坦克导弹
步兵战车夜视部分多采用微光夜视仪

# 步兵战车 ≫

步兵坦克是英国在"二战"建立的坦克分类，以坦克来为步兵近战提供火力支援及突击用，装甲很强但速度很低。现代步兵战车则是在坦克基础上加装载员舱而成，其既保留了坦克的强大火力和装甲防护，又可作运兵用途。它通常用于协同坦克作战，也可以独立执行战斗任务。当步兵下车作战时，车上的留守人员可以利用车上的武器来支援作战。

◖ 苏联 BMP-1 步兵战车

时，成员还可以使用车上装载的各种武器进行火力支援，从而极大增强了现代战争中步兵的实际作战能力。

## 主要优势

20世纪60年代以来，随着主战坦克的兴起以及核武器和各种反坦克武器的不断发展，尤其是反坦克导弹和武装直升机的出现，地面战斗中对步兵协同主战坦克作战的需求愈加迫切。基于这样的现实考虑，俄罗斯和西方一些国家开始积极研制一种机动性堪比主战坦克，火力和防护性能较一般装甲运兵车大大增强的新型装甲战斗车辆，即步兵战车。这种类型车辆的出现，使得步兵不但可以在乘车过程中及时事实进行战斗，又能下车作战，并且在下车战斗

## 炮塔设计

步兵战车的乘员一般包括车长、驾驶员和炮手3个人，其搭载的步兵通常在6—8人。一般的步兵战车战斗全重在13—15吨，重型的为22—30吨。步兵战车的车内布置大都是驾驶舱和动力舱在前，战斗舱居中，载员舱在后。车体多采用均质钢装甲或铝装甲焊接而成，一般都具备射击孔，以便车内步兵乘员在车辆行进中进行战斗。车后设置了跳板式或侧开式大门，这种设计的目的在于使步兵上、下车时既快速又隐蔽。该种装甲车的炮塔分为单人和双人两种，采用

步兵战车也分为轮式和履带式两种。"冷战之子"BMP3步兵战车是俄军新一代履带式步兵战车。其越野最大时速可达80千米，多数为水陆两用，装甲厚度10—15毫米，炮塔正面能防20毫米或25毫米炮弹袭击，车体能防机枪弹或弹片。有的步兵战车更可发射反坦克导弹。

兵器解密

### 兵器简史

步兵战车的防护性能要求车体正面和炮塔前部能防御20—25毫米机关炮炮弹，车体和炮塔两侧能防枪弹和炮弹碎片。20世纪80年代改进的新步兵战车有的还装备了附加装甲或采用间隙复合装甲，以增强抗弹能力。烟幕装置和三防装置也是步兵战车通常必备的防护装备。

单人炮塔的车辆是车长位于车体前部，因而常使观察受到影响，使用这种炮塔的有中国的86式步兵战车和俄罗斯的BMⅡ-1步兵战车等。双人炮塔战车车长的位置在炮塔内部，观察条件相对较好，车长还能超越炮手操纵武器进行射击，采用双人炮塔的著名战车有联邦德国的黄鼠狼步兵战车、美国的M2步兵战车以及俄罗斯的BMⅡ-2战车等。

## 主要武器

步兵战车的车载武器由火炮、反坦克导弹合并猎物器等组成，这些装甲战车自身携带的武器和车上搭载的步兵携带的各种轻武器，共同构成一个既能对付地面目标，又能对付低空目标；既能应对软目标，又能应对硬目标的远程、中程、近程相结合的火力网络系统。步兵战车的火炮是其主要的车载武器，火炮多为20—30毫米的机关炮。进入20世纪80年代以后，为了进一步增强步兵战车的火力，各国的步兵战车开始装备25—30毫米口径的火炮。步兵战车的并列武器一般为一挺7.62毫米机枪，能够对1000米以内的软目标构成威胁。

M2"布雷德利"步兵战车与其说用来支援M1坦克作战，还不如说M2步兵战车基本上发挥了与坦克相同的作用。

> M2主炮连发射速有100发/秒、200发/秒
> M2车体后部和两侧间隙装甲厚150毫米

# M2"布雷德利"步兵战车 》》》

**M2** "布雷德利"步兵战车与M3"布雷德利"骑兵战车均是美制的步兵战车,它们都以美国陆军五星上将奥马尔·布雷德利之名命名。20世纪60年代初,美国提出了发展机械化步兵战车的要求。在M2步兵战车之前,美国曾先后研制出了3种样车,但均因各种原因未能正式投产使用,M2和M3战车即是在这样的背景下诞生的。

## 产生过程

20世纪60年代初,美国先后出现过3种步兵战车样车。第一种为1965年美国太平洋汽车与铸造公司研制的XM701型,也称MICV-65型,这款车共生产了5辆样车。但经过试验,军方认为其潜力不大,且不能用C-141军用运输机空运,遂被放弃。第二种为1967年美国食品机械化学公司军械分部研制的XM765型,该车型共制出2辆样车,同样未被美军采用;但食品机械公司随后自行投资,继续研发了AIFV装甲步兵战车。这款车目前不仅在荷兰、菲律宾和比利时军队中装备,而且还被土耳其选中,特许生产。第三种为XM723型,这款车是由美国军方于1974年4月提出的。当时参与设计竞争的公司除了前述两家,另外还有克莱斯勒公司,共3家企业。1974年11月,食品机械化学公司军械分部获得了设计并研发和生产该款车的一系列合同。1976年8月,美军机械化步兵战车特别小组对整个XM723计划进行了单独验证,并提出了建议,其中包括:研制一种既供步兵作战又能作为侦察搜索使用的通用车辆。该车应采用TBAT-2型"陶"式/"丛林之王"双人炮塔,炮塔应装

美国 M2"布雷德利"步兵战车

开火中的 M2"布雷德利"步兵战车

备"陶"式反坦克导弹和 25 毫米机关炮等。两个月后,美国军方采纳了特别小组的部分建议,并制定了一个新计划。该计划主要内容为设计 FVS 战斗车辆系统,该系统由两种车辆组成,即 XM2 步兵战车和 XM3 侦察战车。

1978 年 12 月,研发公司向美军交出 2 辆 XM2 样车,不久,XM2 和 XM3 被正式命名为 M2 型和 M3 型,又统称为"布雷德利"战车。首批 M2 生产型车辆于 1981 年 5 月交付使用,1983 年 3 月 M2 型正式装备美军。M2 型和 M3 型战车符合美军当时的要求,均可采用 C141 军用运输机空运。空运时,只需将炮手瞄准镜和车体裙板卸下,所有负重轮用钢丝绳拉紧即可。M2(通称 M2A0)是 M2 布雷德利步兵战车的基本型,于 1982 年开始生产。M2 可以发射基本拖式导弹并

配有 500 马力引擎和 HMPT-500 液压传动系统,其 M242 25 毫米机关炮配有整体瞄准器和热成像装备。M2A0 同时还具提升两栖能力的"水上障幕"(或称"浮幕")渡河装备,能通过 C-141 或 C-5 运输机空运。此外,M2A0 的加装装甲还具有有效抵挡了 360° 方向来袭的主要炮弹的能力。早期型 M2 战车后方能载运 7 名步兵,比所有后期型只能载运 6 名要多。后来之所以减少座位和载运兵员的数量,目的是为了加强侧边装甲并取消了步兵射孔,因为在之前的实战中军方发现射孔并无多少用处。

## 改进设置

M2 步兵战车在 1986 年服役期间,开始加装拖式导弹(TOW)II 型,能起到气体微粒过滤作用的核生化装置,以及火力协调系

统。1992年，M2A1已经达到了全车系基本升级标准。1988年，M2A2改装了600马力引擎和HMPT-500-3型液压传动装置，此外还加强了被动与反应装甲。其新装甲防护可以挡住30毫米脱壳穿甲弹或火箭推动式榴弹，以及若干小型反装甲榴弹，弹药库还加装了反内炸安全封条。另外，M2A2还能用C-17运输机空运。M2的"沙漠风暴"构型工兵车，1991年后开始改良。改良措施主要包括强化加装雷射测距仪、战术导航系统以及军用GPS收发器和数位化罗盘，增加了可防御简单线控导弹的反制器，旅级战管资讯电脑等。此外，该车型内部还装备了4部热影像仪，并将乘员后座改成折叠椅，方便了士兵下车。2000年美国开始生产M1A3车型，A3加装了电脑火控系统、导航和情报资讯系统，并加强了主被动新式装甲及核生化防护系统。

❂ 美国陆军加挂反应装甲的M2A2装甲车

## 武器装备

M2步兵战车的主要武器为1门麦道直升机公司制造的，M242型"大毒蛇"25毫米链式机关炮。该款机关炮主要靠外置动力带动1套传动链机构实现自动射击，可进行双向供弹，方便炮手迅速选择与目标相应的弹种，可单发也可连发。火炮方向射界为360°，高低射界为-10°—+60°，有效射程在2200米左右。火炮弹种包括曳光脱壳穿甲弹、曳光燃烧榴弹和曳光训练弹等。此外，该车还装备了导弹发射器，并配用"陶"式反坦克导弹，导弹有效射程约3750米。其辅助武器为1挺7.62毫米并列机枪。火炮配备了双向稳定装置，便于战车在行进间进行射击。另外，炮手还配有1具昼夜合一瞄准镜，其夜视部件为红外热像仪。红外成像系统，可以全天候探测、分辨、识别和交战，这使M2对远程目标的识别比M1A1坦克

M2 的炮塔驱动和稳定系统由炮塔定位和控制用的旋转驱动总成、武器定位和控制用的武器俯仰驱动总成、"陶"式反坦克发射架定位和控制用的俯仰驱动总成、"陶"式反坦克发射架的升降装置、电子控制总成、3 个陀螺装置、炮手和车长用的各种仪表和电缆等组成。

🔥 外挂渡河装置的 M2 战车

还要好。另外，车长舱口还装有 1 组 M36 型潜望镜，车上装有激光测距仪。1986 年，美军对 M2 步兵战车进行了第一次改进，改进后的车辆称为 M2A1 步兵战车。主要改进有：采用弹头直径与筒体相同的大型化的"陶"2 反坦克导弹，改装导弹发射器和火控系统，安装车长备用瞄准镜，改进"大毒蛇"25 毫米机关炮弹弹芯，在潜望镜上加装了防弹片的护盖，新配备了防电磁辐射效应的设备等。

## 动力和防护装置

M2 步兵战车的动力装置采用了寇明斯公司的 8 缸 4 冲程水冷涡轮增压柴油发动机，最大功率 378 千瓦。与发动机配套的是通用电气公司生产的 HMPT500 型自动传动装置，这是一种静液机械式传动装置，由变速箱、倒挡机构、转向机构和制动器等组成。该车的行动装置采用扭杆悬挂装置和液压减振器，其良好性能使车辆具有较好的行驶平衡性。此外，借助装在车体上部的围帐，M2 战车还可进行浮渡，入水后可以依靠履带划水。装甲防护方面，"布雷德利"步兵

战车的车体主要由铝合金装甲板焊接而成。炮塔顶部和正面用钢装甲，车体两侧垂直面和后部为间隔装甲，其中车体装甲可防御 14.5 毫米穿甲弹和空爆的 155 毫米炮弹破片。间隔装甲由外向内，第一层系 6.35 毫米厚的钢装甲，第二层为 25.4 毫米的间隙，第三层为 6.35 毫米厚的钢装甲，第四层系 88.9 毫米的间隙，最后一层为 25.4 毫米的铝装甲背板，总厚度达 152.4 毫米，整个装甲能防 14.5 毫米枪弹和 155 毫米炮弹破片。另外，其车体底部前面部分挂装了一层 9.5 毫米厚的钢装甲板，用以防反坦克地雷。车首防浪板同时也对整个车体提供了附加防护，而车体两侧的裙板则增强了车身防御空心装药破甲弹的能力。除此之外，在车体发动机室和载员室内同样备有灭火装置。此外，还有热烟幕施放装置和故障诊断装置，前者与苏联的坦克装甲车辆上的相似，后者用以检测发动机、传动装置、电气设备和火控系统中的故障，以便于及时排除。以上措施，都为 M2 在战场上提供了紧急情况下的间接防护。

**◄◄◄ 兵器简史 ►►►**

1983 年，美国陆军开始装备 M2 "布雷德利"式步兵战车。该车战斗全重 22.59 吨，乘员 3 人，载员 7 人，最大公路行驶速度为时速 66 千米，最大行程 483 千米。采用传统结构形式，车内由前至后分为驾驶室、发动机室和战斗部分（包括炮塔和载员室）。

兵器知识 > 85装甲抢修车为531履带装甲车族成员
装甲抢修车装备有绞盘、钢绳、吊钩等

# 装甲抢修车 >>>

一支装备了主战坦克和装甲战车的现代化军队，如果缺少一支反应快速、可及时提供技术保障的抢修车辆，是不够完善的。也只有具备了这样的技术保障车辆，装甲部队才能始终处于最佳状态。20世纪70年代以来，世界上一些主要国家研制并装备了大量装甲抢修车和修理车。这些车辆为及时修复受损战车，补充已方战斗力立下汗马之功。

英国"武士"装甲抢修车

抢修和修理车的研制工作。除此之外，英国的"武士"抢修和修理车也同样声名赫赫。联邦德国自1968年研制出装备了"豹"1式底盘的BPz2型装甲抢修车以来，1977年又开始研制装备"豹"2底盘的BPz3型装甲抢修车，并于20世纪90年代初投入批量生产。各国不断研发和推出新的装甲抢修车，足以证明该种车型在战场上不可或缺的重要作用。

## 发展过程

美国是世界上装甲抢修车生产数量较多的国家，同时也非常重视装甲抢修车的技术更新和发展。英国在开展装甲抢修车的研发方面也一直走在世界前列，除了沿用"奇伏坦"主战坦克的底盘，在20世纪70年代开发出了"奇伏坦"装甲抢修车外，英国还在"挑战者"主战坦克问世的同时，又在20世纪80年代相应开展了"挑战者"装甲

## 主要部件

装甲抢修车大多采用相应坦克或装甲车辆的基础地盘，只是去掉了炮塔和火炮而加装了抢修或牵引和修理设备。装甲抢修车通常都装备了绞盘，这是装甲抢修车有别于别的装甲车辆的主要特点。绞盘是装甲抢修车的主要部件，绞盘的拉力是决定抢修任务能否顺利快速完成的主要因素之一，而且装甲抢修车的拉力一般要求应在被抢修战车重量的1倍以上。为了保证装甲抢修

85式轻型装甲抢修车可用于在野战条件下，对损坏的坦克装甲车辆进行现场抢修以恢复其战斗力。这款车采用了 YW531H 装甲运兵车底盘，1986 年制造出样车，能够跟随坦克装甲部队进行野战抢修。其起吊重量约为 1 吨，车上还保留了 12.7 毫米高射机枪用于自卫。

兵器解密

### 兵器简史

1973 年第四次中东战争期间，以色列参战的约 2000 辆坦克有 840 余辆被阿拉伯国家军队击中。由于及时抢修，以色列修复了 420 辆坦克，修复率接近一半。而阿方参战的 4000 余辆坦克被击中了 2500 辆，但其修复率约为 34%。以色列使修复的坦克及时回到了战场，补充了战斗力。

车能够顺利实现与被抢修坦克或装甲车辆的对接，配备使用方便而且可靠的牵引装置和缓冲装置也是装甲抢修车研发过程中考虑的重点。为了保证能进行必要的装备和修理，装甲抢修车上通常都携带足够的修理备件，有的车后还可支起车篷作为修理间。装甲抢修车通常都没有主要武器，只配备一挺自卫机枪。

### 发展趋势

装甲抢修在未来的发展趋势中，将倾向于"一车多功能"的方向发展。这意味着将来的装甲抢修车不仅可以进行抢修牵引还可进行基本的修理任务，目前美国以 M1 坦克为底盘的 20 世纪 90 年代的抢修车，意大利的 OF-40 抢修车都属此类。同时发展抢修和修理轻型装甲车辆用的轻型履带式装甲抢修车和轮式装甲抢修车，如美国的 M113 装甲抢修车、巴西的伯纳迪尼都属此类。随着主战坦克的车重不断增加，未来的装甲抢修车将要求拉力更大的绞盘和牵引装置。

### "神鹰"抢修车

奥地利的神鹰装甲抢修车车体是全焊接结构，绞盘和乘员舱设在车前，乘员可通过位于车体左侧的两扇门进入。在装甲车的顶部设有舱口，发动机和传动装置位于车体后部。发动机的顶装甲板上面是储物平台，用于装载备用部件。该车采用扭杆悬挂，行动部分有 5 对负重轮，主动轮后置，诱导轮前置，并有 3 对托带轮。在第一和第五负重轮处安装有液压减震器。该装甲抢修车的液压吊车安装在车体上部结构的右前方，在行军状态时可转向车后部。其吊车可旋转 234°，吊臂能从正常的 3 米延伸到 3.9 米，最大的起吊重量可达近 6 吨。

🔶 战场上的一辆美军 M113 装甲抢修车

> 俄装甲侦察车、指挥车用步兵战车底盘
> ZZT1设有轻机枪和冲锋枪用于自卫

# 装甲通信车 »»

装甲通信车是装甲部队里一类装有多种通信器材和设备，用来执行通信任务的轻型装甲车辆，在战场上主要用于保障坦克部队的指挥与协同作战时的通信联络。装甲通信车在停止和运动中都可执行通信工作，不少的国家还在装甲指挥车和装甲通信车上装备了相同的设备，统称它们为指挥通信车。

装甲通信车

## 主要装备与内部布置

强大的突击力是主战坦克最大的强项，与其比较起来，装甲通信车则有着可进行远距离通信，具有传输速度快、通信稳定可靠、安全保密性好等优势，而这些优势的发挥全靠性能优良的通信设备。装甲通信车上的

主要装备包括有线通信设备、无线电台、车内通话器和发电机等，有的装甲通信车上还配备了自卫武器。一般的装甲通信车分为履带式和轮式两种，车上乘员通常在3—8人，包括通信勤务人员和战斗勤务人员等在内。这些人员中包括车长、驾驶员、副驾驶员、电台台长和1—2名报务员，还可搭乘数名负责通信车的警戒、发电等勤务的载员。装甲通信车的驾驶员负责驾驶车辆；副驾驶员负责观察前方的道路及敌情等；车长则负责指挥全车的战斗行动，同时可能还需要操作坦克电台，并与其所伴随的装甲指挥车等保持密切联络，并根据指挥员的要求将战车

坦克上的短波单边带(调幅)电台是利用波长10—100米、频率1.6—30兆赫的高频天波(借助电离层反射)进行传输的通信工具，其最大特点是通信距离远，可达几百甚至上万千米，可以充分满足装甲兵部队与远在几百千米以外的上级指挥所保持顺畅和不间断联络的要求。

兵器解密

开到指定的隐蔽地点。

## 远程无线电通信技术

远程无线电通信对装甲兵部队可谓至关重要。一般情况下，由于上级指挥员需要随时掌握部队的动态，所以位于一线的部队指挥员就要实时了解上级的意图并与友邻部队保持及时、快速而高效的信息沟通。第二次世界大战期间，因为当时的装甲兵部队远程通信能力较弱，德军装甲名将隆美尔为了能及时掌握自己部队的进展情况，甚至不得不经常乘飞机察看部队和实施指挥。由此可见，大力发展远程无线电通信技术及其装备，对现代战争中的装甲兵部队而言，其作用自是不言而喻。现代的坦克和步兵战车虽然拥有强大的火力、良好的防护力和快速的机动力，但由于战车上大多安装的是超短波电台，其通信距离一般为几十千米左右，仅能满足旅、团范围内的通信需要。而一般的装甲指挥车虽然装有多部短波和超短波电台，但由于功率较小，加之通常使用的都是直立鞭状天线，故通信距离也不太

装甲通信车通常都会有外置的天线

远。因此，师、团指挥所与上级的通信联络主要依靠通信分队装备的大功率短波电台车。

## 国外装甲通信车

美国的LAV-C2装甲通信车是一种适于全地形、全天候，具备夜间作战能力的轮式车辆。其车体顶部具有可升降的通信系统天线，指挥官可在装甲防护下通过指挥、控制、通信系统 指挥军队作战。这种移动指挥所可以提供所有必需的信息资源给部队指挥官，供其控制并且协调轻装甲部队的作战。其武器为一挺7.62毫米机枪，可由C-130等军用运输机进行空运。同时，LAV-C2型8轮装甲车还装有8具烟幕弹发射器，并可在3分钟内完成两栖作战准备。

日本曾于1974年设计了两种分别由四轮驱动与六轮驱动的轮式装甲车。经试验，最终决定以6×6底盘为基础，研制出82式轮式装甲通信指挥车。该车车体为装甲钢板焊接而成的菱形全密闭式结构，驾驶员位于车体前方右侧，其座位上方安装了可左右移动的舱门。

---

### 兵器简史

传统的电报是用电键人工发送摩尔斯电码(4个阿拉伯数字为一组)的，人工发报的平均速度为每分钟25组电码左右。但在现代战争条件下，这种收发报效率很难满足作战需要。现在使用的电传打字机的快速发报方式不仅极大提高了作业速度，降低了误码率，还增强了保密性，极大缩短了发信时间。

兵器知识

> 轮式装甲侦察车公路时速多为 100 千米
蝎式装甲侦察车采用铝合金装甲

# 装甲侦察车 >>>

随着现代战争中机械车辆的出现和部队机械化程度的提高,传统战争中由骑兵部队建立同敌方接触并搜集敌方情报的任务开始转移到装甲车辆身上,装甲侦察车由此而生。装甲侦察车上通常装有各种侦察仪器和设备,可以有效地侦察战场情况。它具有很好的机动性、较强的火力和防护能力,主要作为坦克和机械部队的侦察分队,用于战斗侦察。

◀ "史崔克"M1127 侦查车

## 发展过程

装甲侦察车的出现,很快便适应了高速机动和战术瞬息万变的现代战场。20世纪30年代,世界上仅有少数国家在使用轻型坦克或装甲车辆进行战场侦察。到了第二次世界大战期间,已经有许多国家开始采用轮式装甲侦察车,来执行地面战斗的侦察任务了。50年代开始,各国的装甲侦察车进入了一个快速发展时期。20世纪60年代,世界各国开始在军队中大量装备装甲侦察车,这期间涌现出了军事武器史上几款著名的装甲侦察车。如法国的 EBR75 型轮式侦察车,美国的 M114 型履带式侦察/指挥车,英国的费列特 MK2/3 轮式侦察车。进入 70 年代,各国更是注重对装甲侦察车的研制,在提高装甲车辆的机动性、增强防护能力、加大火力等方面花了不少心思,并开始着重发展各自的车族系列。除此之外,先进的光电技术也在这一时期被应用到装甲侦察车上。20 世纪 70 年代后期到 80 年代,世界上的一些武器主要生产国,如英国、法国、美国等,都开始独立研制装甲侦察车,一些更为先进的侦察技术使得这一时期的装甲侦察车具有了良好的观察能力和通信手段。

## 主要装备

装甲侦察车的武器装备根据所执行任务的不同而各有不同。通常在隐蔽状态下执行侦察任务的车辆,一般装备小口径的火炮或机枪,如联邦德国的"山猫"2 型轮式侦察车即装备了 20 毫米火炮,后来又改装为 25 毫米火炮。而主要以火力接触进行战斗侦察的车辆,通常会装备较大口径的火炮,

现代装甲侦察车上的侦察仪器、观瞄设备广泛采用先进的光电技术，注重夜战能力。如法国的 AMX–10RC 轮式侦察车，车长配备了 1 组由 6 个潜望镜组成的周视潜望镜组，为了提高装甲侦察车的夜战能力还装备了微光电视系统，火控系统采用了激光测距仪和计算机。

兵器解密

如法国的 AMX–10RC 轮式侦察车就装备了 105 毫米火炮。在某些情况下，如出于适应反坦克战的需要，除了安装火炮和机枪，一些装甲侦察车还需装备反坦克导弹或只装备反坦克导弹，如联邦德国的"鼬鼠"履带式侦察车即装备了"陶"式反坦克导弹。装甲侦察车上的各种侦察观察设备，包括了如大倍率光学潜望镜、主动红外观察镜、微光观瞄镜等。有的侦察车上还装备更先进的仪器设备，如激光测距仪、地面目标激光指示器、热成像仪、微光电视侦察系统等。

### ◆兵器简史◆

装甲侦察车有三种不同发展方式：其一是以当时现有的装甲车辆为基础进行改进，如增强火力、增大发动机功率等；其二是单独研制装甲侦察车辆；其三是在研制装甲运兵车的同时，研制装甲侦察车，如美国在研制 M2 履带式步兵战车的同时，研制了 M3 履带式装甲侦察车。

## 性能特点

重量轻、机动灵活是装甲侦察车主要性能特点之一，这也是由装甲侦察车的作用所决定的。其车重一般在 6—16 吨，超过 16 吨的属于重型侦察车，美国的 M4 履带式侦察车车重即达 21 吨左右。通常 6 吨以下的侦察车属于轻型侦察车，法国的 M11 型轮式侦察车车重便仅有 3.54 吨。装甲侦察车具有较强的越野性能和机动性，一般都可水陆两用。零部件民用化趋势也是装甲侦察车的一大特点。为了适应现代战争需要，一些国家的装甲侦察车还能够采用不同的燃料发动机。除了发动机，在传动装

置上采用民用部件，强调操纵的灵活和方便，这一点在现代装甲侦察车身上已经不是什么新闻。另外，为了提高车内乘员的舒适性，轮式侦察车多采用带液压减震器的悬挂装置。在防护性能上，装甲侦察车通常采用钢板或铝合金装甲，一般能防 12.7 毫米枪弹和 155 毫米榴弹炮在 6—9 米附近爆炸形成的弹片。

⚡ 德国 TPz1 雷达装甲侦察车

兵器知识

> "眼镜蛇"侦察车装有可选择三防装置
> "眼镜蛇"变型车装有25毫米火炮

# 世界著名侦察车 》》》

为了更为有效地实施战术考察,当下世界各国都在根据机械化部队和坦克部队的作战特点,发展装甲侦察车系列。目前装甲侦察车正在朝着一个包括提高整车机动性,使车辆整体愈加轻巧、灵活,采用现代科学技术手段,使装甲侦察车具有更高生存力和全天候的作战、侦察等多方面内容的总的趋势上发展。

## "眼镜蛇"装甲侦察车

比利时研发的"眼镜蛇"装甲侦察车是该类车型中的经典,它于1987年10月公开亮相,具有现代装甲侦察车的一系列典型特征。"眼镜蛇"装甲侦察车的机动性零部件与"眼镜蛇"装甲运兵车通用,该车为全焊接装甲钢车体,前面为弧状结构,可防12.7毫米枪弹在200米内的水平攻击,还可安装附加装甲。驾驶舱在前,炮塔居中,发动机后置。驾驶员位于前部车体中央,有1个铰接在顶上的单扇舱盖,舱盖可在水平位置锁定,以便驾驶员探出头来驾驶。车长位于炮塔内的左侧,炮长居右。炮塔为电动操纵,应急时用手操作,可360°旋转。该车采用电传动,发动机带动了1台发电机发电,再由电动机驱动主轮。"眼镜蛇"装甲侦察车有5个橡胶负重轮,主动轮在前,诱导轮在后,有4个拖带轮。"眼镜蛇"侦察车具有两大特点,其一是其采用了低噪声橡胶履带和金属销以及橡胶衬垫。其二,"眼镜蛇"侦察车车上安装有浮渡围帐,水上行驶时,可靠履带划水推进。

◀ "眼镜蛇"装甲车

眼镜蛇侦察车样车曾安装了双人炮塔，并且装备了梅卡90毫米科拿戈火炮，在炮塔左边设置了1挺7.62毫米并列机枪。除此之外，该样车也可装备柯克里尔MK7型90毫米火炮。前述两种火炮均可发射包括尾翼稳定脱壳穿甲弹在内的各种炮弹。

兵器解密

M3A1 侦察车

内，炮手位置在左，车长居右。M3的车载武器还有"陶"式反坦克导弹，并采用双管箱式发射架，其内可装待发弹2枚。M3配备的自动灭火装置能在中弹起火后0.2秒内感知并熄灭火灾，其先进的热成像瞄准仪，使得M3装甲侦察车具有全天候侦察和作战能力。由于M3装甲侦察车没有安装激光测距仪和定位导航系统，这给其在沙漠等地区中执行任务带来了困难，M3也因此常常在战场上迷失方向。

## M3 装甲侦察车

美军的M3装甲侦察车是在M2步兵战车基础上改进而成的，是美军装备的新型装甲侦察车。M3装甲侦察车从20世纪80年代早期开始装备美军机械化部队中的侦察分队，该车曾参与了海湾战争，主要用于执行侦察、警戒和掩护等任务。车体为铝合金焊接结构，驾驶员位于车体前部左侧。炮塔

### 兵器简史

瑞士的莫瓦格公司是世界著名的军工企业，创建于20世纪50年代初，以生产各种军用车辆而闻名世界。莫瓦格公司出产过大名鼎鼎的"鲨鱼"式装甲战车、"旋风"步兵战车和"鹰"式轻型装甲侦察车以及"食人鱼"系列轮式装甲车等著名战车。

## "蝎"式装甲侦察车

20世纪60年代，英国陆军研制了两种装甲侦察车型，一种为"蝎"式侦察车，另一种为"狐"式轮式侦察车。第一批生产型"蝎"式装甲侦察车于1972年初交付英国陆军使用。蝎式侦察车车驾驶员位于车体前部左侧，动力舱在前部右侧，战斗舱在后部。车长位于炮塔左侧，炮长在右侧。该车的行动部分有5个挂胶铝合金负重轮，主动轮在前，诱导轮在后，无拖带轮。"蝎"式侦察车的武器装备包括了一架76毫米火炮和1挺7.62毫米并列机枪。其变型车又称"弯刀"装甲侦察车，该车全身大部分用钢铁栅栏遮护，如同装进了铁笼子里的装甲车。

瞄准式干扰是对通信网络频率实施干扰
阻塞式干扰是在一定频段范围内干扰

# 装甲指挥车 》》》

装甲指挥车辆通常由轻型装甲车辆改进而成，是设有指挥舱，并配备多种电台和观察仪器、用于部队作战指挥的轻型装甲车辆，分为轮式和履带式两种。装甲指挥车同样是随着部队机械化程度的提高而得到发展的，大多数的装甲指挥车多由轻型装甲车变型改装而成，所以一般认为由坦克变型而成的指挥坦克不属此类。

正在进行指挥的装甲车

较好地满足指挥员在机动作战情况下，进行不间断指挥需要的特种车辆。装甲指挥车一般装备在团以上机械化部队或坦克部队的指挥部门，能够随机械化部队或坦克部队机动作战，并进行连续指挥。

## 发展过程

第一次世界大战期间，英国、法国等将坦克拆去火炮装上无线电设备，改装成为最初的指挥坦克投入战场使用。第二次世界大战期间，为了适应坦克和机械化步兵作战指挥的实际需要，英国、美国、法国和德国等国家曾用履带式、半履带式和轮式装甲车辆改装成指挥车。这一时期的所谓装甲指挥车，车上所安装的通信设备品种较少，车辆性能也比较差，而且一般情况下都不带武器装备。第二次世界大战以后，随着光电技术的迅速发展，装甲指挥车辆的通信联络能力得到很大程度的提高，逐步发展成为能够

## 现状与未来

装甲指挥车的一般武器装备包括机枪和其他轻武器，这些武器主要用来自卫。其工作设备包括多部无线电台、接收机、各种观察仪器、多功能车内通话系统、工作台和图板等。相比以前车辆的旧式设备，现在的装甲指挥车辆多安装有多频率无线电台，有的指挥车还安装了有线遥控系统。装甲指挥车上配备的附加帐篷，可用于定点指挥时在车尾架起帐篷，构成车外工作室。装甲指挥车的机动性和防护能力与基本车型几乎没有多少差别，其指挥舱内通常可乘坐指挥员以及参谋等2—8人，配置有最先进的通信联络设备。随着陆军部队机械化程度的快速提升，未来战争势必朝着机动、快速、

兵器解密

所谓"跳频"干扰，就是同一通信网络内的所有电台的频率，根据一定规律自动进行统一频点"跳跃"，从一个频点跳到另一频点，瞬间变化几十次，使对方一般电子侦察手段很难测出通信网的准确频率，从而阻止敌方实施瞄准式干扰或阻塞式干扰，从而达到通信抗干扰的目的。

**◀▶▶ 兵器简史 ◀◀▶**

1958年，苏联开始装备БРДМ-1型轮式侦察车，逐步取代了ПТ-6水陆两用坦克。20世纪60年代初，苏联又将БРДМ-1型改进成БРДМ-2型轮式侦察车装备部队。同期，法国装备EBR75型轮式侦察车；美国装备M114型履带式指挥侦察车；英国装备"费列特"MK2/3轮式侦察车。

多变的形式发展。面对战场上的诸多不确定因素，目前各国的装甲指挥车均已被列入装甲车族系列，成为机械化部队和坦克部队不可或缺的重要组成部分，其装备范围也在不断扩大。在未来，装甲指挥车上的通信、观察设备等都将进一步向功能齐全、高度自动化、保密性好、抗干扰能力强的方向发展，以适应现代战争中作战指挥的需要。

## 指挥车的"耳目"

装甲指挥车上的通信电台被认为是指挥车的耳目，从这里发出的任何指令都将左右战场形势的瞬息变化。所以，提高电台的保密性、抗干扰性等就成为装甲指挥车研发工作中的重点问题。装甲指挥车的电台可谓种类繁多，其功能也

同样是五花八门。电台种类的增多能够有效增强指挥车辆的多网通信能力，扩展指挥员的"耳目"。这些电台有的用于收听天气预报，有的则用于核生化警报，还有的用来报告友邻的协同作战动作信息等。通常情况下，装甲指挥车的电台频率范围越宽、频道越多、通信距离越远、操作越简单便捷，则电台的性能会越好，越能够较好满足装甲兵部队指挥作战的需要。众所周知，电子干扰是现代战场实施"软杀伤"的锋锐"武器"，而通信干扰又是电子干扰中的"主角"。装甲兵部队主要依靠无线电通信实施指挥和协同作战，所以，通信抗干扰问题对其尤显重要，这就对装甲指挥车上电台的保密性和抗干扰性提出了很高的要求，目前的通信干扰主要方式是瞄准式干扰和阻塞式干扰，另外现在还出现了一种名为"跳频"干扰的最新手段。

➡ 美国 M577 装甲指挥车，采用 M113 的车体。

兵器知识 > 阿瓦德克扫雷车属于锤击式扫雷车
微波、微处理技术已被应用到扫雷车上

# 装甲扫雷车 》》》

装甲扫雷车主要用于清除战场上的地雷装置,其扫雷装置一般有滚压式、挖掘式、火箭爆破式三种,现在装甲扫雷车上的扫雷设备大多可直接安装在战车上,以便必要时使用,不需额外编组。20世纪70年代以来,各国都非常重视地雷的发展,在地雷引信、装药和结构方面做了重大改进。与此同时,装甲扫雷车也在不断改进中经历了好几代的发展。

## 发展过程

装甲扫雷车主要用于执行战场上的排雷开路任务,在坦克等装甲车上安装扫雷装置,英国开创了先例。早在第一次世界大战期间,英国人就已经开始在自己的坦克上试装了滚压式扫雷器。

"二战"时期,苏联人在自己的T-55坦克上安装了挖掘和爆破扫雷器,美国则在M4和M4A3坦克上分别安装了T-1型滚压式扫雷器和T5E1型挖掘式扫雷器。

20世纪60年代到80年代,美国先后研制出了以LVTP登陆装甲车为基础的LVTE-1机械、爆破联合扫雷车,以及RO-BAT遥控扫雷车。与此同时,苏联在这方面也同样加紧了研发步伐。

工程兵在苏联军队中一直被认为是现代战争中,诸兵种合成部队必不可少的支援力量。苏联军方对此提出了工程兵部队在进攻战中的首要任务是为战斗部队开辟和维护进攻道路的建设方针,而装甲兵部队应具备独立克服地雷场的能力。在苏联军方的这种思想指挥下,苏联开始大力地发展坦克上挂装的扫雷犁、扫雷滚轮以及专用的装甲爆破扫雷车。

## 机械扫雷车

装甲扫雷车的发展和专用布雷车的发展紧密相联。随着新型地雷和远程抛撒布雷系统的发展和应用机动性好、具备装甲防护能力、集多种功能于一身的扫雷器材也逐渐发展起来,并出现了不同种类、形式各异的专用扫雷车。

机械扫雷车是靠坦克或装甲车推动安装在车前的扫雷滚轮、扫雷犁和锤击式扫雷器,在雷场中进行排雷作业的装备。机械扫

### 兵器简史

机械式扫雷车存在结构笨重、安装运输困难,易受地形、土质和季节等条件制约的缺点,但其中的滚压式扫雷车开辟通路准确无误,犁掘式扫雷车重量轻,便于操作,基于以上考虑,机械式扫雷车仍被视为是一种有效的扫雷车。机械/爆破扫雷车将成为近期扫雷车的主要发展目标。

碾压式扫雷车滚轮之间通常都会装有扫雷链，用于引爆装倾斜杆的反车底地雷，以苏联的ΠT-54/ΠT-55等滚压式扫雷车最为典型。这种扫雷车机械强度高，能承受地雷爆炸时的冲击波，可适应在地势较平缓的地形上行驶，一般可经受8—10次地雷爆炸冲击而不损坏。

兵器解密

雷车分为碾压式（也称滚压式）、犁掘式和锤击式三种。碾压式扫雷车是在坦克前面的导向轴上安装几组扫雷滚轮或圆盘，由坦克推动前进，依靠滚轮自身重量来压爆地雷的。犁掘式扫雷车的扫雷犁由1组带齿的犁刀和扫雷铲组成。其结构简单，自重小，便于操作。缺点是不能在冻土深度为5厘米以上的地区和灌木丛中作业。锤击式扫雷车又称连枷式扫雷车，是一种能开辟全通路的专用扫雷车，由转轴和链条组成。链条可围绕转轴旋转，高速锤击车辆前面的地面，以引爆和锤毁地雷。机械扫雷车具有所需功率小，使用寿命长等优点。

## 机械/爆破联合扫雷车

机械/爆破联合扫雷车是将扫雷器与爆破扫雷器集中在同一辆装甲车上，共同使用的多功能扫雷车。这种装甲车前部通常会装有机械压辊或犁刀，车体上部装直列装药或其他爆破装药以及发射装置。

当开始进行扫雷作业时，扫雷车会先在车辆前进方向发射直列装药，以爆破方式在雷场中开辟道路，然后再用压辊或犁刀排除未爆破或未被清理的地雷。这种扫雷车采用坦克、装甲运兵车的底盘，即使是在加装了机械和爆破装备后也不会影响到自身的机动性和防护能力。由于是集机械和爆破扫雷于一身，所以可根据地形、地雷品种使用两种扫雷器，是一种较为理想的扫雷器。爆破扫雷车通常不会直接地进入雷场，而是在距离雷场一定距离处发射扫雷装药以达到开辟通路的目的。

🔘 德国国防军的 KEILER 装甲扫雷车

> 警用装甲车车体宽度一般不超过2.5米
> 警用装甲车具有防弹、防炸等多种功能

# 警用装甲车 >>>

警用装甲车与军用装甲车有许多不同之处，比如其主要在城市和状况良好的道路上行驶，因而多选用行驶速度快、噪声小、节省能源的轮式装甲车。另外，由于攻击和防卫对象不同，警用装甲车还具有不怕撞车，防弹、防刺轮胎和阻车钉等本领。由于主要适用于执行防暴、反恐、解救人质和制止骚乱等任务，其武器装备自然也不能和军用车相提并论。

一辆罗尔斯—罗伊斯装甲车

为一挺7.62毫米机枪，并有一个封闭式机枪塔，可保护射手不会受到石块等物袭击。有的警用装甲车上可能还会多一个15管防暴发射器，强力灯等。此外，警灯和高音喇叭则都是标准的警用配备，这也是在军用装甲车上基本看不到的装备。一般的军用装甲车辆多是履带式装甲车，虽然其具有强大的越野能力，但是对于在城市执行警卫和戒严活动的警用装甲车来说，显然是不适用的，所以，警用装甲车多采用轮式装甲车型。

## 与军用装甲车的主要区别

警用装甲车多是从军用装甲车改装而来的，但其与它的军用原型有根本的区别。军用装甲车上装备有反坦克导弹和火炮，一般的火力最低限度也要达到12.7毫米大口径机枪的装备，而警用装甲车的人力配备就完全不同。警用装甲车最强大的杀伤武器

## 不怕撞的警用装甲车

通常情况下，警用装甲车很少被用于维持交通秩序，而主要在一些特殊和危急情况下用于撞车。正向我们经常在电视里看到

警用装甲车车体周围装甲能在近距离内防御普通枪弹和穿甲弹；车底装甲呈整单块Ｖ形，可防御反步兵地雷和小型反坦克雷；车内装有安全带；装有自动、半自动或手动灭火装置，并有抗高温材料制成的散热器；车体密封性强，可防止毒烟入内，有的还有增压滤毒系统。

兵器解密

### 兵器简史

防暴车也叫国内安全车辆，是警用装甲车的一种，主要用于执行安全巡逻任务或平息可能出现的武装暴乱。防暴车防护级别分为三级：低级防护，加强车辆最薄弱部位，例如挡风玻璃和车窗的防护；中级防护，可防御手枪和猎枪的攻击；高级防护，可防御军用轻武器的攻击。

的那样，当那些疯狂的犯罪嫌疑人驾驶汽车亡命逃跑时，他们常常横冲直撞，无所顾忌。这就给行驶在道路上的普通车辆和普通行人的人身安全带来极大威胁，给公共安全构成了非常大的隐患。为了有效制止这种犯罪事实的发生，当警察和武警在追捕和拦截罪犯时，就经常需要冒着风险去撞击罪犯的汽车。这种情况下，如果用一般的汽车去撞，很可能同归于尽。而假若撞击位置不好，甚至可能令警察车毁人亡。这种情况下，最大公路时速可达90多千米，而且周身坚硬无比的经用轮式装甲车就成为了追撞罪犯汽车的最佳车辆。事实上，有时我们也可以看到使用一些重型货柜车作为拦截罪犯车辆的情况。但由于民用车辆不能随意征用，并且重型货柜车也不够灵活等，所以重型装甲车成为了最好的路障之一。

## 主要特点和装备

警用装甲车主要在城镇马路上值勤，而不需像军用装甲车那样在荒无人迹的复杂地形上行进。虽然

比起军用车辆而言有一定差距，但这样的机动性已经足够使警用装甲车来应对一般的沟坎和路障。为便于在城市街道执勤，警用装甲车车体宽度一般都有限制，有的还在车前装有清障铲，用于道路清除。警用装甲车具有良好的可操纵性，大多装有自动变速箱和动力转向装置。此外，警用装甲车还具有良好的环视观察和监视功能，车窗（观察孔）与甲板用的是防弹玻璃，并装有存水器和特殊洗涤液，可以快速除去污迹。警用装甲车内空间较大，活动方便，车体两侧和后部开设车门，方便警员上下。多数警用装甲车配有先进的通讯设备，能够反侦听、反干扰，还可以加入城市通信网。其火力配备多为非致命性的武器，如水枪、化学榴弹发射器等，杀伤性武器多为7.62毫米机枪；警用装甲车上备有宣传和威慑作用的设备，如强光灯、广播器材、警灯、警笛等。

法国AMX-10装甲车

图书在版编目（CIP）数据

　　陆地雄狮：装甲车辆的故事 / 田战省编著. —长春：北方妇女
儿童出版社，2011.10（2020.7重印）
　　（兵器世界奥秘探索）
　　ISBN 978-7-5385-5695-7

　　Ⅰ．①陆… Ⅱ．①田… Ⅲ．①装甲车—青年读物②装甲车—少
年读物 Ⅳ．①E923.1-49

　　中国版本图书馆 CIP 数据核字（2011）第 199112 号

# 兵器世界奥秘探索
### 陆地雄狮——装甲车辆的故事

| | | |
|---|---|---|
| 编　　著 | 田战省 | |
| 出 版 人 | 李文学 | |
| 责任编辑 | 张晓峰 | |
| 封面设计 | 李亚兵 | |
| 开　　本 | 787mm×1092mm　16 开 | |
| 字　　数 | 200 千字 | |
| 印　　张 | 11.5 | |
| 版　　次 | 2011 年 11 月第 1 版 | |
| 印　　次 | 2020 年 7 月第 4 次印刷 | |
| 出　　版 | 吉林出版集团　北方妇女儿童出版社 | |
| 发　　行 | 北方妇女儿童出版社 | |
| 地　　址 | 长春市人民大街 4646 号　　邮　编：130021 | |
| 电　　话 | 编辑部：0431-85678573　　发行科：0431-85640624 | |
| 网　　址 | www.bfes.cn | |
| 印　　刷 | 天津海德伟业印务有限公司 | |

ISBN 978-7-5385-5695-7　　　　　　　　定价：39.80元